Günter von Lossow
Emil von Lossow

Der Uhu in Bayern

Rückkehr eines Ureinwohners

DER UHU IN BAYERN

RÜCKKEHR EINES UREINWOHNERS

GÜNTER VON LOSSOW
EMIL VON LOSSOW

BAYERLAND

Bibliografische Information der Deutschen Nationalbibliothek

Die Deutsche Nationalbibliothek verzeichnet diese Publikation in der Deutschen Nationalbibliografie; detaillierte bibliografische Daten sind im Internet über http://dnb.dnb.de abrufbar.
ISBN 978-3-89251-558-6

Ein Großteil der dem Buch zugrunde liegenden Daten zu den Uhu-Beständen in Bayern wurde durch das Bayerische Landesamt für Umwelt und den Landesbund für Vogel- und Naturschutz in Bayern e. V. bereitgestellt. Dafür bedanken wir uns recht herzlich.

Aus Gründen der besseren Lesbarkeit wird auf die gleichzeitige Verwendung der Sprachformen männlich, weiblich, divers (m/w/d) verzichtet. Entsprechende Begriffe gelten im Sinne der Gleichbehandlung grundsätzlich für alle Geschlechter.

Wenn im Buch einige Stellen im „Ich“-Stil geschrieben sind, dann deshalb, weil sie die Erfahrungen von Günter von Lossow wiedergeben.
Emil von Lossow hat als Co-Autor dieses Buches am Schreibstil mitgefeilt und die Teil-Kapitel „Mythologie“ und „Darstellung in der Literatur“ geschrieben.

Foto-Autoren:
alle Fotos: Günter von Lossow
mit Ausnahme:
Emil von Lossow: zwei Fotos S. 87
Evi von Lossow: ein Foto S. 151.

Abb. 1: Adulter Uhu sitzt nach (erfolgloser) Mäusejagd in einer Wiese am Waldrand.
Abb. 2: Uhu-Brut mit 29-, 32- und 35-tägigem Jungvogel.
Abb. 3: Da man den Uhu selten sieht, muss man lernen, Spuren zu lesen. Hier hat ein Jung-Uhu wohl bei seinem ersten Flugversuch eine Fichte gestreift und eine Dunen-Feder hinterlassen.

Zitiervorschlag:
Lossow, G. v. & E. v. (2026): Der Uhu in Bayern – Rückkehr eines Ureinwohners. Regenstauf: Battenberg Bayerland Verlag. 152 S.

1. Auflage 2026
ISBN 978-3-89251-558-6

Battenberg Bayerland Verlag GmbH · Pfälzer Straße 11 · 93128 Regenstauf
Unser komplettes Buchprogramm finden Sie unter: www.battenberg-bayerland.de
Fragen zum Buch? Direkt an produkt@battenberg-bayerland.de

INHALTSVERZEICHNIS

VORWORT

Der Uhu steht als kraftvolles Symbol für die Ursprünglichkeit und Wildheit unserer bayerischen Landschaften. Sein beinahe vollständiges Verschwinden in der zweiten Hälfte des 20. Jahrhunderts mahnt uns eindringlich, wie zerbrechlich selbst große Arten sind – und seine Rückkehr erfüllt uns mit Dankbarkeit und Besorgnis zugleich.

Die Ornithologische Gesellschaft in Bayern versteht sich als Bewahrerin und Vermittlerin ornithologischen Wissens. Wir sammeln, prüfen und verbreiten Daten, die sowohl Grundlage für Forschung als auch für öffentlichen Dialog sind. Besonders schätzen wir die Beiträge von Günter von Lossow im Ornithologischen Anzeiger, etwa:

von Lossow, G. (2010): Der Uhu Bubo bubo am Mittleren Lech 2003 bis 2009 – Entdeckung der erfolgreichsten bayerischen Uhu-Population. Ornithol. Anz. 49(1): 1–24.

Mit dieser Arbeit lieferte er nicht nur wertvolle Daten zur Populationsentwicklung und zum Bruterfolg, sondern zeigte auch, wie intensives Monitoring und strukturierte Erfassung entscheidend zur Erfolgskontrolle im Artenschutz beitragen.

Dieses Buch führt solche Arbeiten in beeindruckender Weise fort: Es verbindet jahrzehntelange Feldarbeit mit ökologischer Expertise und öffnet den Blick auf die ökosystemischen Wechselwirkungen, die den Uhu als Leitart so bedeutend machen.

Als OG Bayern begrüßen wir diese Veröffentlichung von Herzen. Sie spiegelt unsere Werte: wissenschaftliche Fundierung, emotionale Verbundenheit und das Streben nach Verständigung zwischen Fachwelt und Öffentlichkeit. Das Buch ist ein Leuchtfeuer – für Fachleute und Naturfreunde – und ein Beleg dafür, was gemeinsam erreicht werden kann.

Manfred Siering
Vorsitzender der
Ornithologischen Gesellschaft in Bayern e. V.

Ornithologische Gesellschaft
in Bayern (gegr. 1897) e.V.
Zoologische Staatssammlung München
Münchhausenstraße 21, 81247 München
www.og-bayern.de

EINLEITUNG

Ein Tag neigt sich dem Ende entgegen, blauer Schummer umhüllt die Landschaft. Über dem Wald leuchten bereits erste Sterne und das fahle Licht des Mondes schimmert zwischen den Ästen hindurch. Leiser Wind streift durch die Bäume, in der Ferne plätschert ein Bach. Die Nacht erwacht – und mit ihr all jene Geschöpfe, die in der Dunkelheit leben. Insekten summen in der Luft, während eine Maus hinter den Wurzeln einer alten Buche verschwindet.

Es ist Ulenflucht, die Zeit der Dämmerung, in der die „Ulen" (Eulen) zu fliegen beginnen. Sogar die Singdrosseln haben inzwischen ihren abendlichen Gesang eingestellt. Plötzlich ist eine lautlose Spannung zu spüren. Ein Schatten löst sich aus den Baumwipfeln und gleitet majestätisch durch die mondbeschienene Luft. Der „König der Nacht" ist auf der Jagd. Mit weit ausgebreiteten Schwingen schwebt er geräuschlos über den Waldboden. Seine bernsteinfarbenen Augen durchdringen die Finsternis mit unglaublicher Sehkraft, seine empfindlichen Ohren nehmen selbst das leiseste Rascheln im Unterholz wahr. Mit einem blitzschnellen Manöver taucht er hinab, die gewaltigen Schwingen öffnen sich kurz, ein letzter lautloser Flügelschlag – und die Beute ist gefasst.

Wer einmal in der glücklichen Situation war, die weltweit größte Eulen-Art, den Uhu, in freier Landschaft zu sehen, wer einmal seinen Ruf gehört hat, der wird tief beeindruckt sein und ihn nie wieder vergessen. Ein Meisterwerk der Natur, ein lautloser Jäger, dessen Fähigkeiten für den Menschen seit jeher Bewunderung und Rätsel zugleich bedeuten.

Beinahe wäre er aus unseren Landschaften verschwunden. In der Mitte des 20. Jahrhunderts stand der Uhu in Deutschland kurz vor dem Aussterben. Noch vor 70 Jahren wurde er intensiv verfolgt und von der Jägerschaft zur Hüttenjagd gefangen gehalten. In den 1960er Jahren begann ein Umdenken mit umfangreichen Schutzmaßnahmen. In Bayern wurde 2001 ein landesweites Artenhilfsprogramm für den Uhu gestartet. Mit Hilfe von vielen ehrenamtlichen Mitarbeiterinnen und Mitarbeitern, tatkräftiger Unterstützung der Naturschutzverbände und der zuständigen Naturschutzbehörden konnte sein Bestand so weit gesichert werden, dass der Uhu in der aktuell gültigen Roten Liste bedrohter Vogelarten Bayerns von 2016 als „nicht gefährdet" geführt wird.[54] Diese intensiven Schutzmaßnahmen und aufwendigen Wiederansiedlungsprogramme haben ihn zurückgebracht. Heute durchstreift er wieder die nächtlichen Wälder Bayerns. Sein tiefer, hallender Ruf kündet von der Rückkehr eines Ureinwohners unserer Heimat – ein großer Erfolg im Artenschutz. Doch es ist Vorsicht geboten. Der Uhu ist sehr störungsempfindlich und er hat hohe Ansprüche an seinen Brutplatz. In freier Wildbahn kann er mit 20–30 Jahren ein hohes Alter erreichen. Man kann sich also sehr lange Zeit an seinen Rufen im Uhu-Revier erfreuen. Nur wer genau hinschaut und den Bruterfolg dokumentiert, wird rechtzeitig feststellen, dass dieser für den Erhalt der Population häufig zu gering ist. Nur wenn man Brutbestand und Bruterfolg regelmäßig ermittelt, kann man bei negativen Veränderungen in den Lebensräumen rechtzeitig, also bevor das Revierpaar verstorben ist, mit geeigneten Schutzmaßnahmen gezielt reagieren.

Mit diesem Buch möchte ich Sie auf eine Reise in die Welt des Uhus begleiten und meine Erfahrung aus 25 Jahren Uhu-Erfassung und Uhu-Schutz mit Ihnen teilen. Das Buch erzählt von der Geschichte des Uhus und seiner heimlichen Präsenz in der bayerischen Natur. Es möchte nicht nur informieren, sondern Interesse für diese Eulen-Art wecken und Begeisterung hervorrufen. Und es soll alle Menschen, die mit dem Uhu in Kontakt kommen, über ihn aufklären und Verständnis für ihn vermitteln. Der Uhu ist ein faszinierender Vogel, der stellvertretend für eine Vielzahl von Pflanzen- und Tierarten und somit für die gesamten Lebensgemeinschaften von strukturreichen, offenen Wäldern und Felslandschaften steht. Dort, wo der Uhu brütet, ist vieles in diesen Lebensräumen in Ordnung.

KENNZEICHEN

Das Aussehen und die Sinnesorgane des Uhus, sein Federkleid, die Stimme, das Gehör und die Augen sind einzigartig in der Tierwelt. Die Gattung Uhu *(Bubo)* umfasst weltweit 25 Uhu-Arten, die Art Uhu *(Bubo bubo)* wiederum 13 Unterarten.[30] Die in Bayern lebende Unterart, der Europäische Uhu *(Bubo bubo bubo)*, ist mit seinem östlichen Nachbarn, dem Sibirischen Uhu *(Bubo bubo sibiricus)*, die weltweit größte Eule. Das vorliegende Buch erzählt von der in Bayern lebenden Unterart. Sie wird im folgenden Text vereinfacht kurz „Uhu" genannt.

Aussehen

Der Uhu hat einen massigen Körper mit einem dicken, runden Kopf und langen Federohren. Seine großen Augen sind starr nach vorne gerichtet und haben eine leuchtend bernsteinfarbene, gelbe bis rote Farbe. Trotz nach vorne gerichtetem Blick kann der Uhu in alle Richtungen sehen: Durch seine sehr bewegliche Halswirbelsäule kann er den Kopf um mehr als 270° drehen. Beim Menschen sind gerade mal etwas über 200° möglich. Das Federkleid weist sämtliche Brauntöne auf, von Ocker und Beige bis Rotbraun und Dunkelbraun, unter Umständen mit vielen Grautönen. Es gibt der Eule eine

Abb. 4: Zwei Präparate ausgewachsener Uhus der Staatlichen Vogelschutzwarte Garmisch-Partenkirchen. Deutlich zu sehen ist, wieviel des gesamten Körpervolumens Muskulatur und Federkleid ausmachen. Auch die für alle Eulenarten typischen, nach vorne gerichteten Augen sind markant. Beim Knochenpräparat wird die Dimension der kräftigen Fänge offensichtlich.

Abb. 5: Dieses Uhu-Weibchen starb durch einen Stromschlag an einer Mittelspannungs-Freileitung. Durch die beiden Männer im Hintergrund wird die Größe des Uhus sehr deutlich.

Abb. 6: Der kräftige Fang eines Uhus hat eine enorme Griffweite. Die vierte Zehe ist bei allen Eulenarten als „Wendezehe" ausgebildet. Sie kann über ein Gelenk sowohl nach vorne als auch nach hinten gedreht werden. Die dolchartigen Krallen sind tödliche Waffen.

Abb. 7: Details einer Uhu-Kralle

allerbeste Tarnfärbung. Ein Uhu, der in einer Fichte oder an einem Felsen sitzt, ist nahezu unsichtbar. Schon häufiger habe ich Fichten, in denen sicher ein Uhu saß, dutzende Male umrundet, ohne ihn tatsächlich zu Gesicht bekommen zu haben.

Männchen und Weibchen sind äußerlich nur schwer zu unterscheiden. Die Weibchen sind meist kräftiger und größer als die Männchen. Wenn beide Vögel nebeneinandersitzen, kann man dies in der Regel deutlich erkennen. Es gibt auch Übergänge, also „starke" Männchen und „schwache" Weibchen. Wenn man verunglückte, tote Vögel seziert und die Geschlechtsorgane begutachtet, gibt es immer wieder Überraschungen zur ursprünglichen optischen Einschätzung, sogar unter Experten. Ebenso verhält es sich mit dem typischen weißen Kehlfleck, der nur deutlich sichtbar wird, wenn der Vogel ruft. Männchen haben einen großen Kehlfleck, Weibchen einen unscheinbareren, kleinen. Es gibt jedoch fließende Übergänge, sodass auch der Kehlfleck keine eindeutige Geschlechtsbestimmung zulässt.

Die Flügelspannweite beträgt beim Weibchen ca. 160–180 cm, beim Männchen ca. 150–170 cm. Die Größe des Weibchens misst ca. 65–75 cm, die des Männchens ca. 55–65 cm. Die kräftigen und großen Fänge sind bis unten hin befiedert. Die vierte Zehe kann als „Wendezehe" entsprechend der jeweiligen Situation nach vorne oder nach hinten gedreht werden – eine Besonderheit in der Vogelwelt, über die alle Eulenarten verfügen. Die Fänge haben meistens eine Griffweite von 12–14 cm, teilweise aber auch von bis zu 18 cm. Weibchen wiegen ca. 2200–3500 g, Männchen ca. 1500–2500 g.[29]

Federn

Eulenfedern und insbesondere Uhu-Federn sind in der Vogelwelt einzigartig. Sie sind sehr weich. Die äußeren Handschwingen haben an der Außenfahne eine markante, kammartige Zahnung. Diese Zahnung ermöglicht – in Verbindung mit den besonders weichen Federn – einen absolut lautlosen Flug. Nimmt man zum Beispiel eine Handschwingenfeder des Höckerschwans und bewegt sie, Flugbewegungen nachahmend, in der Luft hin und her, so gibt es laute Fluggeräusche. Gut zu hören ist dies, wenn ein Höckerschwan an einem Baggersee oder einem Fluss in unmittelbarer Nähe vorbeifliegt. Bei der vergleichbaren Feder des Uhus hört man hingegen nichts.

Die Federn des Großgefieders haben breite, dunkelbraune, querverlaufende Felder, in Farbe und Zeichnung aber eine große Variabilität. An der Oberseite der Schwingen überwiegen dunkle Brauntöne, die Unterseiten sind dage-

Abb. 8: Oberseite des Flügels eines männlichen Uhus im zweiten Kalenderjahr mit 10 Handschwingen und 16 Armschwingen

Abb. 9: Unterseite des Flügels desselben Vogels

gen in einem helleren Beige-Ton gehalten. Das Großgefieder umfasst je Flügel 10 Handschwingen und 16 Armschwingen. Hinzu kommen 12 Steuerfedern (Schwanzfedern). Das Großgefieder hat also 64 Federn. Die kleinste Armschwinge erreicht 17 cm, die größte Handschwinge 37 cm Länge. Die Steuerfedern werden bis zu 28 cm lang. Die größten Federn des Kleingefieders sind die Unterbauchdeckenfedern mit bis zu 25 cm Länge. Aufgrund ihrer feingliedrigen Struktur, ihrer Weichheit und ihrer Größe empfinde ich diese als die schönsten Uhu-Federn.

Abb. 10: 12 Steuerfedern von zwei verschiedenen Uhus. Deutlich ist die Variabilität in der Farbgebung und in der Federstruktur mit unterschiedlich breiten Bändern zu erkennen.

Abb. 11 unten: Das vollständige Kleingefieder eines Uhu-Weibchens, in 14 Gläsern, grob sortiert nach den zugehörigen Körperpartien. Die 64 Federn des Großgefieders sind nicht abgebildet. Wieviele Federn hat also ein Uhu? Schätzen Sie die Federanzahl in jedem der Gläser 1 bis 14 und die Gesamtfederzahl inklusive des Großgefieders. Die Auflösung finden Sie auf S. 18.

Abb. 12: Diese Zahnung an den Außenfahnen der äußeren Handschwingen des Uhus (und auch von allen anderen Eulen-Arten) ermöglicht den für Eulen typischen, lautlosen Flug.

Stellt sich die Frage: Wie viele Federn hat ein Uhu eigentlich insgesamt?

Nachdem wir an der Vogelschutzwarte immer wieder tote Uhus zur Verfügung gestellt bekommen haben, um die Todesursache herauszufinden und die Vögel zu obduzieren, habe ich die Gelegenheit genutzt, ein am Lech frischtot aufgefundenes Uhu-Weibchen im fünften Kalenderjahr vollständig zu rupfen: Alle Federn, vom Großgefieder bis zu den kleinsten Dunenfedern mit einer Länge von 5 mm, wurden grob nach Körperpartie sortiert und gezählt. Ich wollte wissen, wieviele Federn ein Uhu hat. Das Ergebnis sehen Sie in der Abb. unten.

Abb. 13: Vielfalt der Uhu-Federn in Struktur und Farbton

Abb. 14: Größenunterschiede einzelner Uhu-Federn eines erwachsenen Weibchens. Von links nach rechts: äußere Handschwinge mit Zahnung, Handschwinge, Armschwinge, Steuerfeder, Unterbauchdeckenfeder, Schulterfeder, mittlere Armdeckenfeder, Bauchfeder, Daumenfeder, kleine Armdeckenfeder, Rückenfeder, Brustfeder, Federohren, Dunenfeder

Auflösung von Seite 14/15

Glas 1:	Arm- und Handdecken links unten	296 Federn
Glas 2:	Arm- und Handdecken links oben	478 Federn
Glas 3:	große Arm- und Handdecken links	28 Federn
Glas 4:	Schulterfedern links	126 Federn
Glas 5:	Daumenfedern (Alula)	6 Federn
Glas 6:	Dunenfedern (Wolle)	284 Federn
Glas 7:	Kopf und Rückenfedern	648 Federn
Glas 8:	Brustfedern	354 Federn
Glas 9:	Bauchfedern	311 Federn
Glas 10:	Ober- und Unterschwanzdecken	45 Federn
Glas 11:	Schulterfedern rechts	83 Federn
Glas 12:	große Arm- und Handdecken rechts	31 Federn
Glas 13:	Arm- und Handdecken rechts oben	475 Federn
Glas 14:	Arm- und Handdecken rechts unten	374 Federn

= Gesamtzahl Kleingefieder	3.539 Federn
+ Gesamtzahl Großgefieder	64 Federn
= Gesamtzahl Federn Uhu	3.603 Federn

Der Uhu hat 3.603 Federn. Zumindest hatte ich bei diesem Uhu-Weibchen so viele Federn gezählt. Nun hat sicherlich nicht jeder Uhu exakt gleich viele Federn. Wir Menschen haben auch nicht alle gleich viele Haare. Die ermittelte Federanzahl an diesem konkreten Exemplar ist folglich als Orientierung zu sehen, in welcher Größenordnung sich diese beim Uhu bewegt. Große Vögel haben im Allgemeinen mehr Federn als kleine Vögel. So wurden z. B. beim Zwergschwan 25.216, bei der Krickente 11.450, beim Weißkopfseeadler 7.182, bei der Singdrossel 3.303, beim Haussperling 1.359 und beim Rubinkehlkolibri 940 Federn gezählt.[14]

Stimme

Uhu, der Name ist Programm. So wie er heißt, so ruft er auch: U-hu! Oder auch Bu-hu wird sein Ruf beschrieben.[40] Über die Stimme kann man einen Uhu im Gebiet am besten nachweisen. Der Ruf des Uhus deutet auf ein Revier oder sogar auf einen Brutplatz hin. Im Rahmen von 25 Jahren Arbeit in der Uhu-Erfassung und im Uhu-Schutz habe ich gelernt, Uhu-Rufe sicher zu erkennen und richtig zu deuten. Daher spielen in diesem Abschnitt meine persönlichen Erfahrungen eine besondere Rolle.

Zur Balzzeit hört man diesen Ruf mitunter sehr weit. Wobei – es kommt auf die lokalen Rahmenbedingungen beim Verhören an. Es spielen die Topografie, die Wind-Richtung und vorhandene Nebengeräusche eine große Rolle. Die größte Entfernung, aus der ich einen Uhu rufen hörte, waren 2,2 km. Das war im Rahmen einer Synchronverhörung, einem gleichzeitigen Verhören mit mehreren Personen an verschiedenen Orten, die sich mithilfe von Funkgeräten zum Gehörten abstimmten. Die Verhörbedingungen waren optimal: kaum Nebengeräusche, auf mich zuwehender leichter Wind, mein Ansitz und der Uhu-Rufplatz auf einer Geländekuppe. Dagegen hörte ich einen 350 m von mir entfernt rufenden Uhu im Rahmen einer anderen Synchronverhörung nicht, da zwischen mir und der rufenden Eule eine ausgeprägte Geländerippe lag.

Die Abenddämmerung in den Uhu-Revieren ist voller Geräusche. Dazu gehört auch eine Vielzahl an unterschiedlichen Stör-Geräuschen, die das Verhören der Uhu-Balz erschweren. Das „Muuuh" einer Kuh im Kuhstall der benachbarten Ortschaft oder auf einer entfernt liegenden Weide klingt dem Uhu-Ruf oft sehr ähnlich. Stark frequentierte Straßen erschweren das Verhören. Zudem findet das Verhören zur Balzzeit im Januar bis März in der abendlichen Hauptzeit des Berufsverkehrs statt, vor allem zwischen 16 und 19 Uhr.

Eine Schulung des eigenen Gehörs ist daher sehr hilfreich. Lange Zeit nahm ich junge Menschen, die ein Freiwilliges Ökologisches Jahr absolvierten, mit zum Verhören. Um sie für die Geräusche in der Dämmerung zu sensibilisieren, habe ich ihnen häufig die ersten von mir gehörten Uhu-Rufe des Abends nicht mitgeteilt und ließ sie sagen, wann sie den ersten Uhu-Ruf wahrgenommen hatten. Das Ergebnis: Die ersten, frühen 5 bis 15 Rufe hatten die meisten überhört, weil ihr Gehör (noch) nicht für den Uhu-Ruf geschult war. Wichtig ist auch, zu lernen, das eigene Hörvermögen richtig einzuschätzen. Den Uhu-Balzruf hört man aus der Nähe zweisilbig: „U-hu", ab einer größeren Entfernung nur noch einsilbig: „U". Die erste hellere Silbe „U" ist gut zu hören, die zweite dunklere Silbe „hu" eher weniger. Bei mir persönlich liegt die Grenze des Hörbaren bei einer Entfernung von 300 m. Höre ich einen Uhu zweisilbig rufen, weiß ich, dass er maximal 300 m entfernt von mir ruft. Dies ist eine wichtige Erkenntnis für die Einschätzung, wo genau der Rufplatz eines Uhus liegt, und zur Vermeidung von eigenen Störungen. Die Entfernung vom einsilbigen zum zweisilbigen Hören ist individuell unterschiedlich, das muss man selbst herausfinden.

Weibchen rufen deutlich seltener und etwas heller als die Männchen. Wenn beide Vögel in der Hochbalz im Duett rufen, sind sie gut zu unterscheiden. Meist ruft nur ein Uhu. Dann ist es manchmal sogar für einen erfahrenen Uhu-Experten schwierig, den Ruf einem Männchen oder Weibchen zuzuordnen. In einem Uhu-Revier am Lech hatte ich in der späten

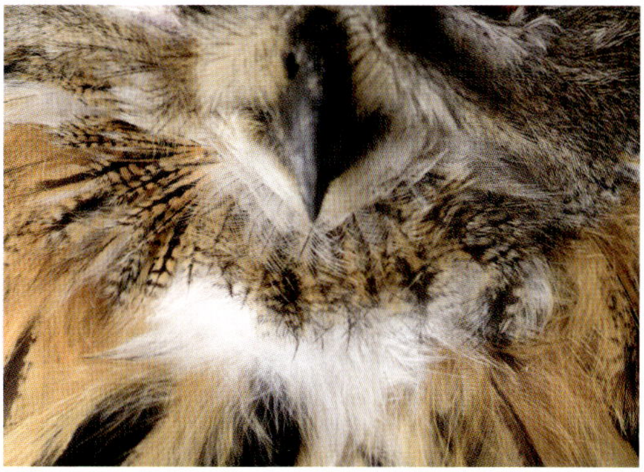

Abb. 15: Der markante weiße Kehlfleck des Uhu-Männchens unterhalb des Schnabels hat Signalwirkung und tritt nur beim Rufen in der Balzzeit deutlich hervor. Diesen Kehlfleck haben auch Uhu-Weibchen, jedoch ist er dort meist weniger prägnant.

Dämmerung immer wieder vermeintliche Rufe einer Türkentaube – „gu-guh-gu" – gehört. Meine Irritation war groß. Es hat sich sehr rasch herausgestellt, dass der weibliche Revier-Uhu diesen taubenähnlichen Ruf hatte.

Da Uhu-Weibchen seltener rufen, ist es nicht einfach, das Paar im Uhu-Revier nachzuweisen. Es gibt eine indirekte Nachweismöglichkeit für ein Revierpaar: Ab und zu hört man einen Uhu „lachen": „ho.ho.ho". Diese Lautäußerung wird oft zum einen als intensiver Alarm des Männchens beschrieben, zum anderen als auffälliger Erregungsruf, meist im Zusammenhang mit der Kopula, dem Begattungsvorgang.[40] Meine eigene Erfahrung ist, dass dieser besondere Ruf meist vom Männchen, immer wieder aber auch vom Weibchen stammt. Immer (!) ist nach meinen Beobachtungen aber der Uhu-Partner in unmittelbarer Nähe – auch wenn er nicht antwortet. Einen „ho.ho.ho"-Ruf werte ich folglich als indirekten Nachweis des Revierpaares.

Bemerkenswert ist die Untersuchung von Christian Harms an einem Uhu-Brutplatz mit einer Horchbox, einem autonomen digitalen Rekorder, der Rufaktivitäten aufzeichnet und die man anschließend ausführlich analysieren kann.[31] In der 34-monatigen Einsatzzeit entfielen von den 82.600 aufgezeichneten Lautäußerungen 35 % auf das Weibchen. Rufen weibliche Uhus doch häufiger als bisher angenommen? Die Antwort auf diese Frage könnte ein eindeutiges „Ja, aber“ sein. Die Horchbox war 20 m vom Brutplatz und 3 m neben einem häufig genutzten Sitz- und Rufplatz installiert. Durch diese kurzen Distanzen konnten auch leiseste Kommunikationslaute zwischen dem Uhu-Paar und zwischen dem Weibchen und den Jungen aufgenommen werden. Diese Lautäußerungen sind vielfältig und stammen häufig auch vom weiblichen Uhu. Im Rahmen der üblichen feldornithologischen Praxis mit einem Verhören aus größerer, störungssicherer Entfernung sind diese leisen Lautäußerungen kaum zu hören.

Und dann gibt es noch diese markanten, durch Mark und Bein gehenden, krächzenden oder bellenden „kwäk“- oder „kwäk.kwäk. kwäk“-Rufe. Diese Rufe erfolgen von beiden Geschlechtern und haben intensiven Alarm-Charakter. Damit werden Partner oder auch Jungvögel vor Fressfeinden oder Störungen gewarnt. Geht man durch einen Wald und hört diesen

Abb. 16 und 17: Deutlich ist der Gehöreingang hinter dem Gesichtsschleier zu sehen: oben bei einem Uhu-Männchen, unten bei einem Jungvogel.

Alarm-Ruf, ist folglich ein sofortiger Rückzug zur Vermeidung einer Störung angesagt!

Uhus haben noch weitere vielfältige Lautäußerungen. Diese sind teilweise nur aus nächster Nähe hörbar und für das Uhu-Verhören sowie für den Nachweis von Uhus von untergeordneter Bedeutung. Daher wird an dieser Stelle auf die vorhandene Fachliteratur verwiesen.[40, 29]

Hören

Die „Ohren“ des Uhus liegen hinter dem Parabolspiegel-artigen Gesichtsschleier und knapp unterhalb dem äußeren Augenrand. Durch eine bewegliche Ohrenklappe kann der Uhu nach vorne und hinten hören. Der Gesichtsschleier bündelt den ankommenden Schall und leitet ihn bis zu zehnfach verstärkt zur Gehöröffnung.[40] Uhus können sehr gut hören. Bemerkenswert ist, dass das Uhu-Gehör mit weniger Frequenzen auskommt als das des Menschen. Der Hörbereich beim Menschen liegt zwischen 16 und 24.000 Hertz, beim Uhu zwischen 60 und 8.000 Hertz.[14]

Vergessen Sie es: An einen Uhu kann man sich nicht anschleichen! Ich habe es mehrfach systematisch überprüft. An verschiedene Uhus, die ich exakt orten konnte, habe ich mich von einer Seite, nach meinem Empfinden lautlos, angeschlichen, von der sie mich sicher nicht sehen konnten. In allen Fällen hörte der Vogel spätestens auf eine Entfernung von 300 m auf zu rufen. Die Entfernungen habe ich anschließend am Tag vor Ort und mit Hilfe einer topographischen Karte und Luftbild exakt ausgemessen: In einem Uhu-Revier am Lech geht gegenüber der Brutwand direkt am gegenüberliegenden Lechufer ein gut frequentierter Spazierweg entlang. Die kürzeste Entfernung dieses Weges zum Brutplatz beträgt 150 m. Bei meinen unzähligen (gut getarnten) Ansitzen habe ich dort immer wieder die gleiche Beobachtung gemacht: Ich sah und hörte die Spaziergänger nicht kommen, aber der balzende Uhu hat mir exakt den Ort „angekündigt“, an dem sie liefen. Auf 300 m Entfernung zum Spaziergänger stellte der Uhu sein Rufen ein.

Abb. 18: Dieser durchdringende Blick zieht jeden Betrachter in seinen Bann. Die großen Augen des Uhus sind starr nach vorne gerichtet und haben eine bernsteinfarbene gelbe, gelbrot bis rot leuchtende Iris.

Waren sie dann vorbeigelaufen und wieder 300 m entfernt, setzte er seine Balz fort. Immer wieder das gleiche Verhalten.

Selbstverständlich gibt es auch Situationen, in denen Uhus vermeintlich unempfindlich sind und weiterrufen, obwohl man sich mit seinem Mitverhörer unter dem Rufbaum aufhält und sogar miteinander spricht. Das sind aber seltene Ausnahmen in der Zeit der Hochbalz, bei größter Erregung des Vogels.

Die ausgeprägten großen „Federohren" des Uhus stehen in keinem funktionalen Zusammenhang mit dem Gehör. Deren Funktion konnte bis heute nicht eindeutig geklärt werden. Die „Federohren" können aktiv aufgestellt werden. Je nach ihrer Stellung ergibt sich eine unterschiedliche Mimik, die auf verschiedene Stimmungslagen des Vogels schließen lässt.

Sehen

Die großen, starr nach vorne gerichteten Augen mit der intensiven Farbe der bernsteinfarbenen Iris hat den Menschen immer schon in den Bann des Uhus gezogen. Sie haben fast schon eine hypnotische Wirkung. Der Uhu hat ein relativ kleines Blickfeld von 180°, binokular sehen kann er davon im Bereich von 100°.[30] Dieses kleine Sehfeld gleicht er mit Hilfe einer äußerst beweglichen Halswirbelsäule aus. Dadurch ist es ihm möglich, seinen Kopf um bis zu 270° zu drehen. Der Uhu hat eine perfekte Rundumsicht und sieht folglich alles!

Die Kombination der ausgezeichneten Seh- und Hörleistung macht aus dem Uhu einen sehr erfolgreichen Jäger in der Dämmerung. Die große Pupille des Uhus ist auf eine maximale Ausnutzung des Restlichtes ausgerichtet. Sie kann bei Dunkelheit praktisch zur gesamten Augenöffnung ausgeweitet werden und somit sehr viel Licht durchlassen. Die Dämmerungssehleistung ist um das 3–10-Fache höher als beim Menschen.[40]

Das räumliche Sehen wird verstärkt durch Hin- und Her-Bewegungen des Kopfes, in Form von weit ausholendem Pendeln oder Kreisen. Dies ist besonders wichtig für eine exakte Peilung der Beute in der Nacht.

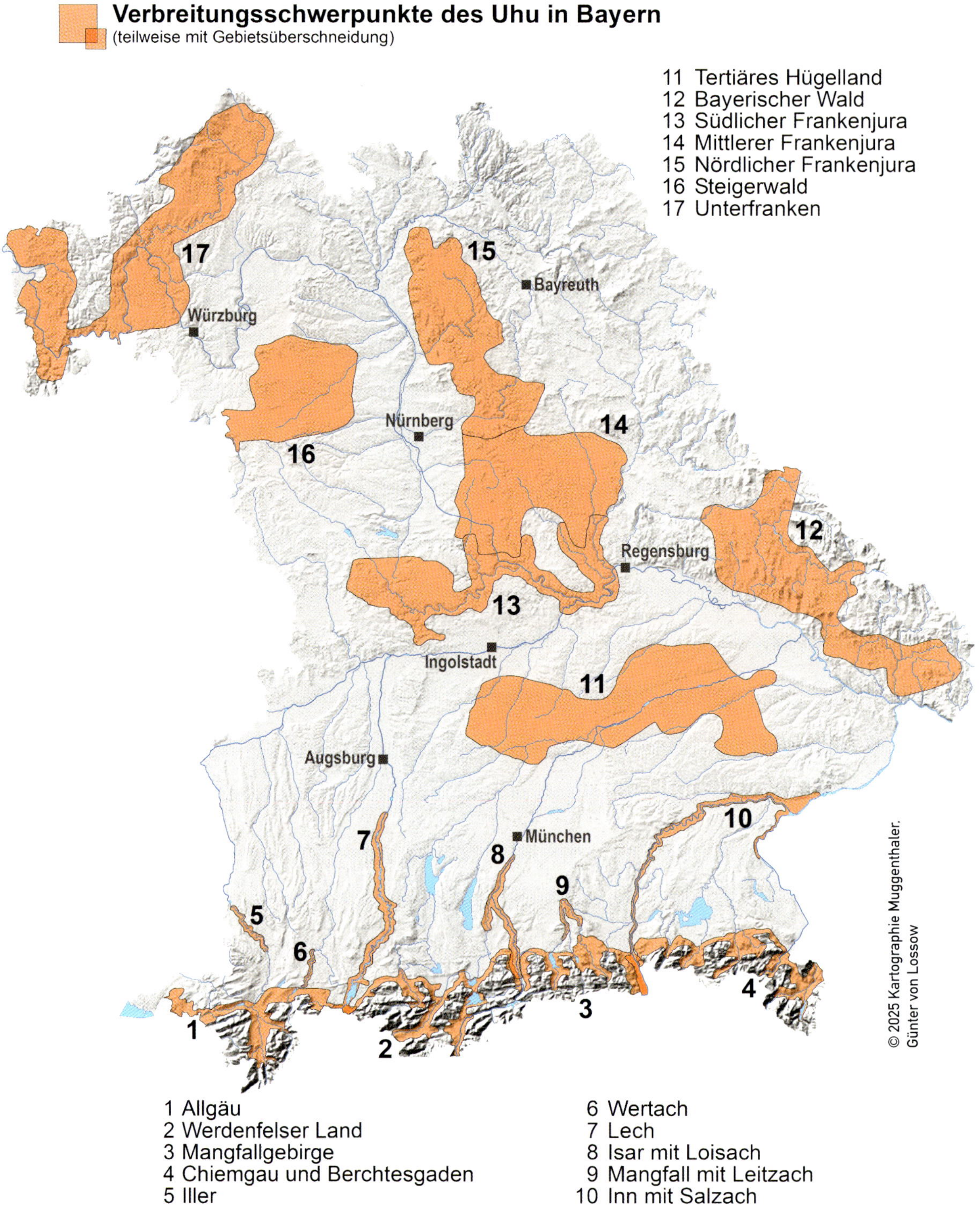

Abb. 19: Verbreitungsschwerpunktgebiete des Uhus in Bayern 2025

VERBREITUNG

Die Verbreitung des Uhus wird in verschiedenen Standardwerken ausführlich beschrieben: Bayern[16, 53, 50, 72, 41], Deutschland[27], Europa[40]. Auf die Verbreitung in Bayern wird im Folgenden ausführlicher eingegangen, die Verbreitung in Deutschland und Europa nur kurz erwähnt.

Bayern

Das Zentrum der bayerischen Uhu-Verbreitung liegt im Nördlichen Frankenjura. Bedeutende Bestände gibt es außerdem in Unterfranken entlang des Mains und der Fränkischen Saale und in der Rhön, im Steigerwald, im Mittleren Frankenjura, im Südlichen Frankenjura, im Bayerischen Wald, im Tertiären Hügelland südlich der Donau, entlang der größeren dealpinen Flussläufe von Inn und Salzach, Mangfall mit Leitzach, Isar, Lech, Wertach und Iller und am Nordrand der Bayerischen Alpen (Abb. 19). In den Verbreitungszentren, wie z. B. am Lech, werden teilweise Dichten von über zehn Revierpaaren pro Topographischer Karte 1:25.000 erreicht.[53]

Der Uhu brütet in Bayern sowohl in primären Naturhabitaten, vor allem an Felswänden und Steilhängen, als auch in anthropogenen Abbaugebieten. Fast die Hälfte aller Uhus brütet in Steinbrüchen, Kies- oder Sandgruben.

Die Verbreitungsschwerpunkte in Abb. 19 zeigen bei genauerer Betrachtung eine etwas unterschiedlich detaillierte Abgrenzung der einzelnen Gebiete in Nordbayern und Südbayern. Die in Südbayern liegenden Gebiete sind sehr genau abgrenzbar. Das liegt an der Tatsache, dass die alpinen Höhenlagen über 1.200 ü. NN als Bruthabitat ausgeschlossen werden können, ebenso größere zusammenhängende Waldgebiete. In den nordbayerischen Gebieten hingegen sind die geeigneten Lebensräume flächiger verteilt und teilweise geprägt durch die sehr verteilt liegenden Abbaustellen.

Nördlicher Frankenjura

Der Nördliche Frankenjura liegt zwischen den Städten Bamberg, Bayreuth, Amberg und Nürnberg. Er umfasst vor allem die Fränkische Schweiz und die Hersbrucker Alb. Diverse Kletter-Foren beschreiben den (nördlichen und südlichen) Frankenjura als ein weltweit für seine Größe und Vielseitigkeit bekanntes Klettergebiet, mit über 10.000 Routen an mehr als 1.000 Felsmassiven und -türmen.[65,34] Dadurch wird bereits deutlich, was das Gebiet charakterisiert: Fels über Felsen in sämtlichen Größen, Formen und Beschaffenheiten. Ein Schlaraffenland nicht nur für Kletterer, sondern auch für den Uhu. Die Flüsse Pegnitz und Wiesent durchziehen das Gebiet, den westlichen Rand bildet die Regnitz.

Unterfranken entlang Main und Fränkischer Saale und in der Rhön

Dieses Gebiet ist nicht einfach zu beschreiben, da es sehr unterschiedliche Lebensräume umfasst. Der von Osten nach Westen durchfließende Main bildet die prägende Flusslandschaft. Die von Nordosten kommende und in den Main mündende Fränkische Saale stellt die zweite bedeutende Flusslandschaft dar. Die Uhu-Vorkommen befinden sich überwiegend in Steinbrüchen. Die großen zusammenhängenden Laubmischwälder des Spessarts und der Rhön, als Grenzgebirge zu Hessen und Thüringen, beherbergen nur einzelne Uhu-Paare.

Steigerwald

Der Steigerwald bildet zusammen mit Bereichen der Windsheimer Bucht und des Aischgrunds ein weiteres Schwerpunktgebiet des Uhus. Die Aisch ist der größte Fluss in diesem Gebiet. In den Randbereichen des Steigerwalds fungieren sowohl felsdurchsetzte Steilhänge als auch viele Muschelkalk- und Gips-Abbaugebiete als Bruthabitate des Uhus.

Mittlerer Frankenjura
Wie der Name schon sagt, befindet sich der Mittlere Frankenjura zwischen dem Nördlichen Frankenjura und dem Südlichen Frankenjura. Das Gebiet erstreckt sich zwischen Neumarkt und Burglengenfeld und bezieht sich hauptsächlich auf die beiden Landkreise Neumarkt und Amberg-Sulzbach. Es sind vergleichsweise wenig größere Felsformationen und Steinbrüche vorhanden. Jedoch gibt es eine bewegte und abwechslungsreiche Geländetopografie mit vielen Steilhängen an den Geländekuppen. Mit 160 km^2 Fläche prägt der Truppenübungsplatz Hohenfels als einer der größten Truppenübungsplätze Deutschlands einen großen Teil des Gebiets.

Südlicher Frankenjura
Der Südliche Frankenjura bildet die südliche Fortsetzung von Nördlichem und Mittlerem Frankenjura. Zusammen werden die Gebiete auch als Fränkische Alb bezeichnet. Zentral durchfließt die Altmühl – im Unterlauf gleichbedeutend mit dem Rhein-Main-Donaukanal – das Gebiet. Westlich begrenzt wird der Südliche Frankenjura vom Meteoritenkrater des Nördlichen Rieses, im Osten durch die Flusstäler von Schwarzer Laber, Naab und Donau.

Bayerischer Wald
Wie der Name schon sagt, handelt es sich um ein waldreiches Mittelgebirge. Der größte Fluss ist der Regen. Dieser prägt im mittleren und nördlichen Teil weite Landschaftsbereiche. Im Süden des Bayerischen Waldes vereinigen sich Mitternacher Ohe, Große Ohe und Kleine Ohe zur Ilz, die in Passau in die Donau mündet. Die ausgedehnten Wälder, hauptsächlich bestehend aus Fichte, sind für den Uhu als Bruthabitat nur suboptimal oder gar nicht geeignet. Es gibt aber immer wieder Felsbereiche und vor allem viele Steinbrüche mit guten Strukturen für den Uhu. Besonders interessant ist auch der Pfahl, ein 150 km langer und 10–40 m hoher Quarzfelsenzug, der immer wieder mit markanten Felsformationen an die Geländeoberfläche tritt.

Tertiäres Hügelland
In der Naturraum-Haupteinheit „Unterbayerisches Hügelland und Isar-Inn-Schotterplatten" sind vor allem das „Donau-Isar-Hügelland" und das „Isar-Inn-Hügelland" Schwerpunktgebiet für den Uhu. Im vorliegenden Buch wird es kurz „Tertiäres Hügelland" genannt. Es ist ein klimatisch gemäßigtes Hügelland des nördlichen Alpenvorlandes, das im Norden durch die Donau begrenzt wird. Durchflossen wird das Gebiet von Paar, Ilm, Abens, Großer Laber, Kleiner Laber, Isar, Vils und Rott. Altmoränen-Schotterplattenlandschaften umgrenzen das Gebiet im Westen und im Süden. Ablagerungen während der Tertiärzeit bildeten die wellige Oberfläche dieses Hügellandes. Es herrschen fruchtbare Böden vor. Die Hallertau ist bekannt als das größte zusammenhängende Hopfenanbaugebiet der Welt.[18,51] Felsformationen fehlen dort vollständig. Für den Uhu relevant sind die unzähligen Abbaustellen, in denen Kies und Sand gewonnen wird.

Dealpine Flusstäler
Die dealpinen Flusstäler haben alle eine gemeinsame Charakteristik: Ihre Flüsse entspringen in den Alpen und bilden im nördlichen Alpenvorland teils tiefe und häufig auch steile Täler aus. Diese Täler werden im alpennahen Bereich flankiert von Felswänden der nördlichen Kalkalpen und sind in den alpenentfernten Bereichen meist durchsetzt mit kleinsten, kleinen oder auch größeren (Nagelfluh-)Felsabschnitten oder Rutschhängen. Durch die Ausprägungen sind sie häufig extensiv bewirtschaftet, mit alten und lichten, naturnahen Waldbeständen.

Inn mit Salzach
Der Inn ist der größte und längste bayerische Fluss, der in den Alpen entspringt und in seinem dealpinen Bereich bedeutende Uhu-Vorkommen beherbergt. Besonders relevant sind die Flusskilometer (Fkm) 217 bis 50, also ein Bereich von 167 Fkm – von der österreichischen Landesgrenze bei Kiefersfelden bis Simbach. Hinzu kommt der untere Flussabschnitt der Salzach von Tittmoning bis zur Mündung

in den Inn bei Haiming. Der Inn fließt immer wieder durch flache Landschaften mit wenig bewegter, für Uhus eher ungeeigneter Topografie, wie z. B. die Abschnitte um Rosenheim und zwischen Mühldorf a. Inn und Töging a. Inn. Da der Inn ab der Salzach-Mündung bis zu seiner Mündung in die Donau Grenzfluss zu Österreich ist und die Salzach selbst auch, sind nur die nördlich bzw. westlich gelegenen Talräume für die vorliegende Betrachtung relevant. Dort befinden sich an den Hangkanten immer wieder Steilhänge mit Rutschhängen und kleinen Felspartien mit vielfältigen Lebensraum-Strukturen.

Mangfall mit Leitzach

Die Mangfall ist der Abfluss des Tegernsees, sie mündet in Rosenheim in den Inn. Der Verbreitungsschwerpunkt des Uhus liegt im Bereich des markanten Mangfall-Knies, an dem der Fluss seine nördliche Fließrichtung abrupt zuerst nach Süden und dann nach Osten ändert und unterhalb von Feldkirchen-Westerham Gesellschaft von der Leitzach bekommt. Beide Flüsse haben sich stellenweise bis über 100 m tief in das Gelände eingegraben und verfügen folglich über ausgeprägte Steilufer und Steilhänge.

Isar mit Loisach

Dieses Verbreitungsgebiet erstreckt sich vom alpinen Austritt der Isar bei Lenggries bis in das Stadtgebiet von München bei Grünwald. Das entspricht Fkm 213–155, also 58 Fkm. Hinzu kommt der unterste Abschnitt der Loisach ab Beuerberg bis zu ihrer Mündung in die Isar. Die flussbegleitenden Talhänge sind immer wieder bis zu 100 m hoch und mit kleinen (Nagelfluh-)Felswänden und Rutschhängen durchsetzt.

Lech

Der im österreichischen Vorarlberg entspringende nordalpine Gebirgsfluss ist von der Landesgrenze bei Füssen (Fkm 167) bis nördlich von Landsberg am Lech (Fkm 63) Verbreitungsgebiet des Uhus. Besonders die Landschaften des Mittellaufes prägen auffällige geologische Formationen des Quartärs mit würmeiszeitlichem Niederterrassenschotter und rißeiszeitlichem Hochterrassenschotter.[39] Der alpine Wildflusscharakter des Lechs ist mit dem Bau von 24 Staustufen zur Energiegewinnung in der zweiten Hälfte des 20. Jahrhunderts weitgehend verschwunden. Der Verlust der unverbauten Wildflusslandschaft hat unbeabsichtigt eine Vielzahl an Brutmöglichkeiten mit bester Nahrungsverfügbarkeit und -erreichbarkeit ergeben: Fast jede der oberen 21 Staustufen beherbergt mindestens ein, teilweise bis zu sechs Uhu-Reviere. Besonders an den Prallhängen des mäandrierenden Gebirgsflusses befinden sich teilweise über 100 m hohe, meist nahezu unzugängliche Steilhänge mit vielen Rutschhängen und unzähligen kleinen und kleinsten Nagelfluhfelsen.

Wertach

Die Wertach ist vom Grüntensee bis westlich von Marktoberdorf auf einer Strecke von ca. 22 Fkm geprägt von einer tiefen Schlucht mit beidseits einmündenden, tief eingeschnittenen Bachtobeln. Im Bereich der Wertachschlucht ist diese Ausprägung mit teils 100 m hohen Steilhängen und vereinzelten Felsbereichen besonders deutlich zu erkennen.

Iller

Auf einer Strecke von ca. 30 Fkm bewegt sich zwischen Kempten und Memmingen die Iller teilweise mit großen Mäandern. Die Prallhänge sind dort tief in die Landschaft eingeschnitten und mit Felsen und Rutschhängen durchsetzt. Durch eine Vielzahl an tief eingeschnittenen Bachtobeln ist die Topografie dieser Hänge immer wieder sehr stark strukturiert. Dadurch ergeben sich unzählige Brutmöglichkeiten für den Uhu.

Alpen

Im Süden Bayerns ziehen sich entlang der gesamten 230 km langen West-Ost-Ausdehnung die Nördlichen Kalkalpen mit den vorgelagerten Schwäbisch-Oberbayerischen Voralpen. Die höchsten bayerischen Berge sind im zentralen Bereich die Zugspitze (2.962 m), im östlich gelegenen Berchtesgadener Land der Watzmann (2.713 m) und im westlich gelegenen Allgäu die Hochfrottspitze (2.649 m). Die inneralpinen, hochgelegenen Bereiche fernab der Gebirgstäler sind für den Uhu unter Berücksichtigung der zusätzlich begrenzten Nahrungsverfügbarkeit als Brutplatz weitgehend ungeeignet. Die höchstgelegenen Brutplätze in den bayerischen Alpen befinden sich in ca. 1.200 m Meereshöhe.[16] Die Vorkommen beschränken sich daher vor allem auf den nördlichen Rand der Alpen und Bereiche entlang der Flusstäler.

Deutschland

Nimmt man die einzelnen Bundesländer aus Görner (2025)[30] als Bezugsgröße, so beherbergt Nordrhein-Westfalen mit 19–23 % des gesamtdeutschen Bestandes die meisten Uhu-Paare. Bayern und Schleswig-Holstein folgen mit jeweils 15–19 % auf dem zweiten Platz. In diesen drei Bundesländern leben folglich die Hälfte bis fast zwei Drittel der Uhu-Paare. Nennenswerte Brutbestände haben auch noch die Bundesländer Rheinland-Pfalz, Hessen, Baden-Württemberg, Niedersachsen mit Bremen sowie Thüringen und Sachsen. Geht man von der aktuellen bayerischen Bestandsschätzung aus (siehe Kap. Brutbestand und Bestandsentwicklung), so könnten in Bayern bis zu 34 % der gesamtdeutschen Uhu-Paare leben.

Naturräumlich bildet sich eine großflächig zusammenhängende Verbreitung innerhalb der gesamten Mittelgebirgszone. Schwerpunkte liegen dort in der Eifel, im Teutoburger Wald, im Bergischen Land, im Sauerland, in der Rhön, in der Fränkischen Alb und der Schwäbischen Alb. Der hohe Bestand in Schleswig-Holstein ist auf ein 20-jähriges erfolgreiches Wiedereinbürgerungsprogramm zurückzuführen.

Europa

Das europäische Brutareal des Uhus erstreckt sich von der Iberischen Halbinsel bis an das Chinesische Meer, nach Ostsibirien und auf die Inseln im Ochotskischen Meer. Vor allem in Westeuropa sind größere Bereiche noch unbesiedelt, auf Island fehlt der Uhu ganz. In Großbritannien gibt es nur einzelne Vorkommen, die auf Auswilderungen zurückzuführen sind. Verbreitungsschwerpunkte sind Norwegen, Finnland und Russland.[40, 15]

LEBENSRAUM

„Der Uhu ist sehr flexibel, sowohl in seiner Nahrungsbeschaffung als auch in der Wahl seines Brutplatzes.“[40] So beschreiben Mebs und Scherzinger in ihrem Standardwerk die Fähigkeit des Uhus, sich an unterschiedliche Gegebenheiten der Umwelt anzupassen.[40] Diese Einschätzung trifft im Allgemeinen zu, für die bayrischen Lebensräume des Uhus ist das Bild oft etwas komplexer. Uhus besiedeln zwar sehr unterschiedliche Lebensräume, sind aber deshalb nicht weniger anspruchsvoll hinsichtlich der Ausstattung dieser Lebensräume. In diesem Kapitel sehen wir uns genauer an, welche Voraussetzungen ein Lebensraum erfüllen muss, damit der Uhu ihn für sich als sein Zuhause wählen kann.

Was braucht ein Uhu, um sich in seinem Lebensraum wohlzufühlen und erfolgreich zu brüten?

Alle Lebensräume, in denen der Uhu brütet, sind gekennzeichnet durch folgende Eigenschaften:

1. Strukturreichtum (d. h. ein Wechsel von extensiv genutztem, vielfältigem Offenland und lichten Wäldern mit Hecken, Gehölzgruppen, Staudensäumen und vielen Ansitzmöglichkeiten)
2. Nahrungsreichtum (Nahrungsverfügbarkeit und Nahrungserreichbarkeit)
3. Gewässernähe (als wichtige Nahrungsquelle und willkommene Bademöglichkeit)
4. Geeignete Brutplätze und
5. Ganz besonders wichtig: Störungsarmut am Brutplatz!

Selbstverständlich müssen nicht alle dieser Requisiten in optimaler Ausprägung vorhanden sein. Aber je geringer deren Qualität, desto geringer fällt der Bruterfolg aus (vgl. Kapitel Fortpflanzung). Bei optimaler Ausstattung der

Abb. 20: Uhus baden sehr gern, so wie dieser Jungvogel am Lech. Gewässer in Brutplatznähe sind daher nicht nur Nahrungsquelle, sondern auch für das Komfort-Verhalten ein wichtiger, beliebter Lebensraum-Bestandteil.

Abb. 21: Strukturreichtum im Uhu-Lebensraum am Lech: Bäume, Gehölzgruppen, Wiesen, Gewässer (im Hintergrund) und Steilufer gehören dazu.

Bruthabitate wird der Bruterfolg meist gut oder sogar sehr gut sein. Bei suboptimaler Ausstattung ist der Bruterfolg deutlich geringer, Brutausfälle nehmen zu. Dann besteht bereits die Gefahr, dass ein zu geringer Bruterfolg zum Erlöschen dieser oder der örtlichen Brutpopulation führt. Bei pessimaler Ausstattung ist ein Bruterfolg kaum zu erwarten. Ein Revierpaar kann entsprechend seiner Lebenserwartung längere Zeit im Gebiet anwesend sein, eine Population wird hier auf die Dauer jedoch nicht überleben können.

Wenn vom Lebensraum des Uhus die Rede ist, können damit verschieden große Bereiche gemeint sein. Allgemein ist der Lebensraum das Gebiet, in dem sich der Uhu im gesamten Jahresablauf bewegt, die sogenannte *home range* oder das Streifgebiet (= Lebensraum im weiteren Sinn). Weil der Uhu sehr standorttreu ist, bleibt er fast das ganze Jahr über in einem engeren Bereich seines Lebensraums – in Brutplatznähe (= Lebensraum im engeren Sinn). Manchmal legt er im Flug auch weitere Strecken zurück. Was wissen wir aus Beobachtungen und Studien über die Größe des Gebiets, in dem ein Uhu lebt? Welche Distanzen kann er im Flug überbrücken?

Die *home range* eines Uhu-Paares kann für gewöhnlich sehr groß sein. Sie wird in der Literatur mit einer Flächengröße von 5 bis ca. 38 km^2 angegeben[40,30] und kann als Lebensraum im weiteren Sinn bezeichnet werden. Wenn Uhus sich auf Streifzüge begeben, d. h. mehrtägige Ausflüge in einem Radius von bis zu 15 km Entfernung machen, dann vor allem in den Monaten September bis Dezember. In Uhu-Populationen mit größeren Dichten überschneiden sich die Streifgebiete der einzelnen Paare häufig.

Der Lebensraum im engeren Sinn ist der unmittelbare Bereich um den Brutplatz. Wenn wir den Lebensraum in diesem engen Sinn definieren, haben wir es mit einer Fläche zu tun, die deutlich kleiner ist als das Streifgebiet.

Abb. 22: Blässhühner gehören zur Lieblingsnahrung des Uhus. Besonders günstig sind große Wasservogelansammlungen für die Jagd im Winter. Ein solcher Nahrungsreichtum ermöglicht eine hohe individuelle Fitness beim Uhu als Grundvoraussetzung für eine erfolgreiche Brut.

Abb. 23: Blässhühner auf der Flucht. Die Ursache ist in diesem Fall nicht der Uhu, sondern ein jagendes Habicht-Weibchen.

Uhus wechseln häufig ihre konkreten Brutplätze innerhalb eines begrenzten Gebietes (im Nahbereich). Dies ist notwendig, wenn z. B. die Brutnische durch abgerutschtes Gestein oder durch aufgewachsene Vegetation nicht mehr nutzbar ist. Schon ein einzelner abgebrochener und auf die Nische gefallener Ast reicht aus, dass Uhus die dadurch „untauglich“ gewordene Nische nicht mehr nutzen. Diese Wechselnischen müssen berücksichtigt werden, wenn es darum geht, einen Brutplatz zu bestimmen. Daher sollte man sich den Brutplatz von Uhus nicht als einzelnen Punkt, sondern als eine etwas größere Fläche vorstellen.

Während der Fortpflanzungszeit entfernt sich ein Uhu i.d.R. bis zu 5 km vom Brutplatz weg – die Weibchen aufgrund des Brutgeschäftes weniger als die Männchen. Zu diesem Radius kommen mehrere Studien, in denen Uhus mit einem Telemetriesender versehen wurden und so ihre Aufenthaltsorte verfolgt werden konnten.[30,59] Eine Zusammenstellung der Ergebnisse von 14 besenderten Uhus aus Nordrhein-Westfalen, Bayern, Niedersachsen, Hessen und Thüringen veröffentlichte Migosa, O. et al. 2019.[47] Demnach lagen bei 7 Uhu-Männchen 90 % der Flugpunkte näher als 3,4 km zum Brutplatz, die maximale Entfernung lag bei 7,8 km. Bei 6 Uhu-Weibchen lagen 90 % der Flugpunkte näher als 1,45 km zum Brutplatz, die maximale Entfernung lag bei 4,65 km. Ein besenderter Jungvogel wurde maximal in 1,1 km Entfernung zum Brutplatz gepeilt. Ein durch das LfU telemetrierter Uhu am Kochelsee entfernte sich regelmäßig bis zu 10 km vom Brutplatz. Solche Entfernungen dürften Ausnahmen sein. In der Regel wird der Lebensraum mit einem Kreisradius von ca. 1 km bzw. mit einer Fläche von ca. 3 km^2 um einen Brutplatz herum verteidigt. Dieser Lebensraum wird im vorliegenden Buch als Brutplatz definiert. In diesem Bereich können sich Konflikte und Probleme erheblich auf Brutgeschehen

Abb. 24: An diesem Felskomplex in den Alpen gibt es eine Vielzahl von möglichen Brutnischen – und diese sind dazu noch frei von Störungen.

Abb. 25: In den Bayerischen Alpen sind nur die untersten, talnahen Felsbereiche als Brutplatz für den Uhu geeignet. Über 1.200 m ü. NN sind in Bayern keine Brutplätze bekannt.

und Bruterfolg auswirken. Schutzmaßnahmen sollten sich daher gezielt auf diesen brutplatznahen, „kritischen" Bereich konzentrieren (siehe Kap. Gefährdung und Schutz).

Der Uhu brütet in unterschiedlichen Lebensräumen. Diese können in primäre und in sekundäre Lebensräume eingeteilt werden.

Primäre Lebensräume

Mit primären Lebensräumen sind natürliche Lebensräume gemeint. Dazu gehören in erster Linie Felsen in den Mittelgebirgen und den Alpen. Es sind aber auch Steilufer und Steilhänge der dealpinen Flusstäler. Diese Lebensräume

Der Uhu mit den vielen Schuhen

„Über 200 Frauenschuhe an Uhu-Brutplatz gefunden". Das wäre mal eine Schlagzeile in der Tagespresse. Gibt es unter den Uhus tatsächlich Schuh-Fetischisten? Nein, natürlich nicht. Bei den Frauenschuhen handelt es sich um *Cypridedium calceolus*, eine besonders schöne Orchideen-Art. Sie teilt sich mit dem Uhu am Lech den gemeinsamen Lebensraum, ganz besonders in einem Uhu-Revier am 04.06.2015 mit weit über 200 Exemplaren direkt in der Umgebung des Brutplatzes. Der Frauenschuh liebt – genau wie der Uhu – offene, lichte Wälder. Und genau wie der Uhu wurde er durch den Menschen zur bedrohten Art. „Orchideen-Liebhaber" haben ihn in der Vergangenheit aus Egoismus vielfach ausgegraben und somit seine Bestände drastisch dezimiert. Der Frauenschuh ist eine Art des Anhangs II der Flora-Fauna-Habitat-Richtlinie. Er gehört damit in Europa zu den Tier- und Pflanzenarten von gemeinschaftlichem Interesse, für deren Erhaltung besondere Schutzgebiete ausgewiesen werden müssen.[9] Dies ist auch erfolgt.

Der Frauenschuh ist nicht nur eine gefährdete und gesetzlich geschützte Art, er ist auch eine besonders raffinierte Orchideen-Art. Das *Labellum*, der Schuh der Blüte, ist für verschiedene Wildbienen-Arten sehr attraktiv. Einmal in den Schuh gelangt, können die Bienen diesen nur noch mühsam über dessen hintere Innenseite verlassen, wobei sie zunächst die Narbe, dann eines der beiden Pollinien passieren. Die Bienen profitieren folglich durch die Pollen-Nahrung, der Frauenschuh durch die Bestäubung.[44]

Abb. 26: Größere Bestände des Frauenschuhs findet man in Bayern nur noch selten.

Abb. 27: Das Labellum, der gelbe Schuh der Orchidee, zwingt hineingelangte Insekten zur Bestäubung der Pflanze.

Abb. 28: An den dealpinen Flusstälern gibt es insbesondere an den Prallhängen von Mäandern optimale Lebensbedingungen für den Uhu. Ideal sind Offenbereiche mit Rutschhängen und eingestreuten Baumgruppen.

gab es schon lange bevor der Mensch im Zuge der Industrialisierung immer weiter in die Natur vordrang, um deren Schätze abzubauen. In den Mittelgebirgen sind klassische, natürliche Lebensräume des Uhus z. B. die Kalksteinfelsen im Altmühl- und Wiesenttal, die Buntstein- und Muschelkalkfelsen am unterfränkischen Main und die Granitfelsen im Bayerischen Wald. Im Hochgebirge sind es die untersten, talnahen Felswände der Nördlichen Kalkalpen und der Voralpen. An den dealpinen Flusstälern sind die steilen Flussufer, z. B. von Lech und Inn, insbesondere an deren Prallhängen relevant. Dort ist eine Vielzahl an offenen Rutschhängen vorhanden und es entstehen auch immer wieder neue. In diesen primären Lebensräumen befinden sich die ursprünglichen Brutplätze.

Sekundäre Lebensräume

Als sekundäre Lebensräume sind solche zu bezeichnen, die durch menschliches Handeln entstanden sind. Hierzu gehören sämtliche Abbaustellen, wie z. B. Steinbrüche, Kies- oder Sandgruben und unterschiedlichste Bauwerke, vor allem Kirchen, Burgen und Burgruinen. Die sekundären Lebensräume entstanden durch den Abbau von Rohstoffen und durch die Bautätigkeit des Menschen. Abbaustellen haben für den Uhu in Bayern eine besondere Relevanz. Ungefähr 40 % aller bayerischen Uhus brüten dort. Für den Uhu ist es zweitrangig, ob die Abbaustellen stillgelegt, im Idealfall renaturiert sind, oder sich noch im Betrieb befinden, ob sie klein oder groß sind. Uhus in Abbaustellen haben sich „bewusst“ entschieden, dort zu brüten. Sie sind von Anfang an mit dem Abbaubetrieb konfrontiert. Selbst Sprengungen in Steinbrüchen in Brutplatznähe werden toleriert. Entscheidend ist, dass die mit dem Abbau verbundenen Störungen einen Mindestabstand zum Brutplatz einhalten, gleichgerichtet und regelmäßig sind, somit immer in gleichen Bahnen verlaufen und für den Uhu damit einschätzbar sind. Der Mensch wird in der Regel in den Baggern und Radladern als solcher nicht erkennbar wahrgenommen. Stellen Sie sich vor, der Uhu mit seinem besonders empfindlichen Gehör wird mit Felssprengungen in 100 m Entfernung konfrontiert und brü-

Abb. 29: Auch kleinere Kiesgruben mit intensivem Abbaubetrieb nutzt der Uhu als Brutplatz.

Abb. 30: Traumlandschaft für den Uhu: Dieser Steinbruch im Bayerischen Wald hat eine Vielzahl an möglichen Brutnischen und bietet einen natürlichen Schutz vor menschlichen Störungen.

tet einfach weiter. Eine unglaubliche Leistung! Doch Vorsicht: Ein Mensch, der auch nur ein paar Meter in die Brutwand geht, ist eine erhebliche Störung für den Uhu, eine Brutaufgabe damit sehr wahrscheinlich. Ähnlich geht es auch dem Uhu, der im Bayerischen Wald in einem Felseinschnitt an einer Bahnstrecke brütet. Jeden Tag fährt der Zug über drei dutzend Mal am brütenden Uhu vorbei: In nur 20 m Entfernung! Die Brut wird dadurch nicht entscheidend gestört. Die Störung ist linear mit gewisser Regelmäßigkeit, wie z. B. auch ein Flugzeug auf der Start- und Landebahn, und somit für den Uhu gut vorhersehbar und einschätzbar. Der Uhu hört den Zug von weitem kommen. Obwohl der Uhu sich vom Zug nicht weiter stören lässt, stellt dieser Brutplatz für ihn trotzdem eine Gefahr dar. Es ist schon vorgekommen, dass die noch nicht flüggen Jungvögel auf dem Bahngleis landeten und überfahren wurden. Ein weiteres Beispiel ist der brütende Uhu im Kirchturm eines schwäbischen Klosters direkt oberhalb des Glockenstuhles. Regelmäßig ertönen diese ohrenbetäubenden Glockenschläge, mindestens zu jeder vollen Stunde. Und gleichzeitig balzt das Männchen auf dem Baukran des Klosters mitten in der Ortschaft und bezieht seine Tagesruhestätte direkt an der Schallöffnung des Glockenstuhles.

BRUTBESTAND UND BESTANDSENTWICKLUNG

Eines sei vorweg gesagt: Es ist nahezu unmöglich, den landesweiten Bestand des Uhus in Bayern vollständig zu erfassen. Der Aufwand wäre immens und aufgrund seiner heimlichen nächtlichen Lebensweise mit vielen Schwierigkeiten verbunden. Dabei sollte es doch eigentlich ganz einfach sein: Dokumentiert wird der Uhu über seine Rufe. In der Fachliteratur ist zu lesen, dass der Uhu zur Balzzeit kilometerweit zu hören ist. Teilweise gibt es Angaben zur Hörweite von Uhu-Rufen von mehr als 1,5 km unter günstigen Bedingungen, ausnahmsweise sogar bis 4 km.[29] Nach meiner eigenen Erfahrung ist der Uhu am wahrscheinlichsten und am sichersten in Entfernungen von 300–700 m zu hören (vgl. Kap. Kennzeichen).

Ist man ihm näher, ist es sehr wahrscheinlich, dass man ihn stört und er zu rufen aufhört oder gar nicht erst damit beginnt. Ist man weiter vom Uhu entfernt, überhört man ihn leicht – vor allem wegen ungünstiger Topografie und aufgrund störender Nebengeräusche. Selbst in der Balzzeit gibt es häufig nur wenige einzelne Rufe am Abend, bevor das Männchen in der Dämmerung zu seinem ersten Jagdflug aufbricht. Ich selbst habe oft nur ein, zwei oder drei Rufe am frühen Abend gehört – und dann war Schluss. Man muss folglich zur richtigen Zeit am richtigen Platz sein. Wenn ein Uhu in der Hochbalz dauerhaft ruft, ist das etwas Besonderes. Ist er mit seiner Partnerin im Balz-Duett zu hören, ist das getrost als Highlight zu bezeichnen. Älteren Uhu-Paaren wird nachgesagt, dass sie mitunter gar nicht mehr balzen. Überprüfen lässt sich das kaum, bestätigen kann ich das selbst auch nicht. Ist ein Uhu-Revier isoliert, d. h., es gibt keine Reviernachbarn in der näheren und weiteren Umgebung, müssen auch keine Reviergrenzen verteidigt werden und der Uhu kann sich das Rufen zur Balzzeit sparen. Und dann liegt seine Balzzeit ausgerechnet in der kältesten und dunkelsten Jahreszeit von Januar bis März. Mein Respekt gilt allen, die sich im Winter zwei bis drei Stunden oder sogar länger, oft bei Minusgraden und Schneefall, in den Wald setzen und auf Uhu-Rufe warten; meist im Rahmen einer ehrenamtlichen Mitarbeit an einem Schutzprojekt.

Deutschland

Historische Daten zum Brutbestand des Uhus in Deutschland vor dem 20. Jahrhundert gibt es kaum. Vielmehr war es früher üblich, aufgrund der damals noch stark begrenzten Erfassungsmöglichkeit und Mobilität den Bestand mit allgemeinen Formulierungen zu beschreiben: „verbreitet, im Gebirge hie und da vorkommend, soll noch vor wenigen Jahren gebrütet haben".[52] Bis in die 50er Jahre des 20. Jahrhunderts wurde der Uhu intensiv verfolgt. Jäger erschossen ihn als „Feind des Niederwildes", die Gelege wurden geplündert und die Jungvögel zur Verwendung bei der Hüttenjagd entnommen. „In unzähligen Aufsätzen wimmelt es damals von Vokabeln wie erlegt, (ab)geschossen, erbeutet, erschlagen, getötet, im Eisen gefangen, angeschossen, (von Kindern) gefangen, ausgestopft, Eier ausgenommen oder Junge ausgehoben, lebend ausgestellt oder öffentlich zum Verkauf angeboten."[72] Um 1900 wurden im wenig erschlossenen Böhmerwald innerhalb von zehn Jahren „100 Abschüsse, 50 Lebendfänge, 350 Aushorstungen und 30 Gelege-Entnahmen" bekannt.[55]

Um das Jahr 1800 herum sollen in Deutschland (mit den heutigen Grenzen) etwa 2.000 Uhu-Paare gelebt haben.[52] Um das Jahr 1900 herum waren es nur noch 130–135 Paare.[29] In den meisten Bundesländern war der Uhu in den Jahren zwischen 1835 und 1965 verschwunden. Der niedrigste Brutbestand dürfte in Deutschland in den 1930er Jahren bei ca. 50 Paaren gelegen haben. Während für das Gebiet der ostdeutschen Bundesländer ca. 15 Paare um 1930 angegeben werden, waren es in den Bundesländern des späteren Westdeutschlands

35 Paare um 1935.[29] Den größten Bestand hatte damals Bayern mit 25 Paaren, also der Hälfte des gesamtdeutschen Bestandes.[41] In den 1960er Jahren gab es Brutbestände des Uhus nur noch in Bayern, Sachsen und Thüringen.

Im Jahr 1934 wurde in Deutschland das Reichsjagdgesetz verabschiedet. Der Uhu war nun zwar noch als jagdbare Art aufgeführt, jedoch ohne Jagdzeit. Somit wurde er zur geschützten Art. Das Interesse am Uhu und die Bestrebung, Maßnahmen zu dessen Schutz durchzuführen, nahmen nun deutlich zu.

Dies war auch der Start für umfangreiche Zucht- und Einbürgerungsversuche in ganz Deutschland. Bereits 1925–1927 wurden die ersten 14 Uhus in der Schwäbischen Alb freigelassen.[52] Eine verlässliche Gesamtzahl. Jene der in der Folgezeit in Deutschland freigelassenen Uhus ist schwer zu recherchieren. Für den Zeitraum 1952–2002 werden mehr als 3.142 freigelassene Uhus angegeben.[30] Dagegen werden allein für den Zeitraum 1974–1994 über 3.000 freigelassene Uhus genannt, wobei man in Sachsen und Thüringen auf den Schutz der natürlichen Restbestände setzte und auf Aussetzaktionen verzichtete.[52] In Bayern wurden im Zeitraum 1965–1980 insgesamt 259 Wiederansiedlungsversuche vorgenommen,[23] die jedoch zur Bestandsstabilisierung des Uhus in Bayern nicht notwendig gewesen wären.[16]

Tatsächlich dürften insgesamt sicherlich um die 4.000 Uhus in Deutschland in der zweiten Hälfte des 20. Jahrhunderts freigelassen worden sein.

Drei Veröffentlichungen aus den Jahren 2000, 2014 und 2025 geben aufgrund von umfangreichen Recherchen[40,30] und einer gezielten Kartierung mit Häufigkeitsklassen[27] einen guten Überblick über die aktuellen Bestandszahlen des Uhus in Deutschland und die Entwicklung der Bestände im Zeitraum 1994–2020 (Abb. 31). Innerhalb von 26 Jahren hat sich der geschätzte Bestand von 740–846 auf 2.610–3.080 Reviere mehr als verdreifacht. Diese deutliche Zunahme dürfte vor allem das Ergebnis der umfangreichen Schutzmaßnahmen in Verbindung mit den geschilderten Wiederansiedlungsprojekten sein. Tatsächlich hat in diesem Zeitraum aber auch das Interesse am Uhu und an gezielten Schutzprojekten zugenommen. Spätestens mit der Ernennung zum „Vogel des Jahres 2005“ durch NABU und LBV wurde seine Wahrnehmung in der Öffentlichkeit erheblich gesteigert – der Uhu wurde zu einer Sympathieart des Menschen und zu einer

Abb. 31: Uhu-Bestand in den Bundesländern im Zeitraum 1994–2020

Bundesland	Mebs & Scherzinger 2000[40] (= 1994–1999)		Gedeon et al. 2014[27] (= 2005–2009)		Görner 2025[30] (= 1998–2020)	
	Minimum	Maximum	Minimum	Maximum	Minimum	Maximum
Baden-Württemberg	60	65	135	140	190	275
Bayern	250	300	420	500	450	500
Brandenburg mit Berlin	3	3	10	16	30	40
Hessen	40	50	180	220	200	250
Mecklenburg-Vorpommern	0	0	6	6	5	10
Niedersachsen mit Bremen	35	35	160	190	160	190
Nordrhein-Westfalen	60	80	250	300	600	600
Rheinland-Pfalz	75	85	290	400	290	400
Saarland	10	10	20	30	30	50
Sachsen	48	48	70	100	70	100
Sachsen-Anhalt	16	22	30	50	35	55
Schleswig-Holstein mit Hamburg	75	80	410	410	450	500
Thüringen	68	68	90	100	100	110
Gesamt	740	846	2.071	2.462	2.610	3.080

Leitart für seinen Lebensraum. Mit dem steigenden Interesse am Uhu wurden Uhu-Reviere entdeckt und erfasst, die sicherlich schon lange existiert hatten (vgl. Abb. 31).

Leider wird in den Veröffentlichungen meist von unterschiedlichen Bezugsgrößen gesprochen: Paare, (besetzte) Reviere, Revierpaare, Brutpaare. Bei Mebs & Scherzinger heißt es z. B. „Brutbestände (Paare)", bei Gedeon et al. „Paare" und bei Görner „Brutpaare". Diese unterschiedlichen Bezugsgrößen erschweren die direkte Vergleichbarkeit.

Ein besetztes Uhu-Revier umfasst festgestellte Revierpaare und Einzelvögel. Die während der Balzzeit festgestellten Einzelvögel sind in der Regel Männchen, da Weibchen wenig rufen und daher schwerer nachzuweisen sind (vgl. Abb. 39). Da der Uhu nur an einem Ort balzt, der einen geeigneten Lebensraum darstellt, kann man nachgewiesene Einzelvögel mit einem besetzten Revier gleichsetzen. Ein Brutpaar ist ein Revierpaar, bei dem eine Brut nachgewiesen wurde. Dieser Nachweis ist in vielen Fällen nicht möglich, da die Brutnische nicht einsehbar ist, die Brut frühzeitig aufgegeben wurde oder keine Jungvögel nachweisbar waren. Sind in den Veröffentlichungen Paare genannt, ist meist nicht eindeutig, ob damit Revierpaare oder Brutpaare gemeint sind. Daher wird in diesem Buch von „besetzten Revieren" oder „Revierpaaren" gesprochen. Dies ist in den allermeisten Fällen die korrekte und zielführende Bezugsgröße für eine Einschätzung des Uhu-Bestandes.

Als Erfassungsgröße sollte zukünftig einheitlich „besetztes Revier" verwendet werden oder „Revierpaar", wenn das Uhu-Paar bestätigt ist, also auch das Weibchen nachgewiesen wurde.

Für die notwendige Beurteilung der Vitalität von Uhu-Populationen ist die Ermittlung des Bruterfolgs zwingend geboten.
Es gilt: Für den langfristigen Erhalt der Uhu-Population sind durchschnittlich 0,68 flügge Jungvögel pro besetztem Revier pro Jahr notwendig (genauere Ausführungen dazu im Kap. Jungenaufzucht).

Bayern

Die Veröffentlichung einer ersten systematischen landesweiten Erfassung in Bayern erfolgte im Jahr 1957 mit 43 Brutpaaren.[41] Mebs schreibt in dieser Veröffentlichung tatsächlich von „Brutpaaren", nennt sie aber gleichzeitig auch „Paare". Grundlage seiner Arbeit waren 65 beschriebene „Horstreviere", die teilweise verwaist waren. An diesem Beispiel ist deutlich zu erkennen, wie wichtig es ist, die Begriffe „besetztes Revier", „Revierpaar", „Brutpaar" usw. eindeutig zu definieren und in Veröffentlichungen jeweils einheitlich zu verwenden.

Die Bestandsentwicklung des Uhus in Bayern ist der Abb. 32 zu entnehmen. Diese Abbildung zeigt die Bestandsangaben von Schätzungen und Erfassungen aus verschiedenen Veröffentlichungen. Für die 2010er Jahre gibt es keine landesweite Einschätzung.

Im Jahr 2024 wurden im Rahmen des Artenhilfsprogramms (AHP) (inkl. Streudatensammlung) 576 besetze Reviere festgestellt (323 Revierpaare und 253 Einzelvögel). Es gab Erfassungslücken in einigen Projektgebieten (östliches Unterfranken, Alpen). Hinzu kommt, dass außerhalb der Projektgebiete einige Regionen kaum durch Streudaten repräsentiert waren (Inn, östliche Oberpfalz, östliches Oberfranken, nördliches Schwaben).[38]

Im gesamten Zeitraum 2021–2024 waren insgesamt 814 Reviere vom Uhu besetzt gewesen (533 Revierpaare und 281 Einzelvögel). Im gesamten Zeitraum 2019–2024 waren es sogar 917 besetzte Reviere (636 Revierpaare und 281 Einzelvögel).[38] Berücksichtigt man die Erfassungslücken in den Projektgebieten, vor allem aber auch außerhalb der Projektgebiete, und gleichzeitig die sicherlich vorhandenen Doppelzählungen (z. B. in Dichtezentren und durch die Nutzung von Wechselbrutplätzen), so bewegt sich der Bestand zwischen den der 2024 ermittelten 576 und den im Zeitraum 2019–2024 ermittelten 917 Uhu-Reviere. Für die in den Unterkapiteln „Nördlicher Frankenjura bis Alpen" behandelten Schwerpunktgebiete ergeben die aufsummierten Bestandsschätzungen insgesamt 606–726 Uhu-Revieren. Außerhalb

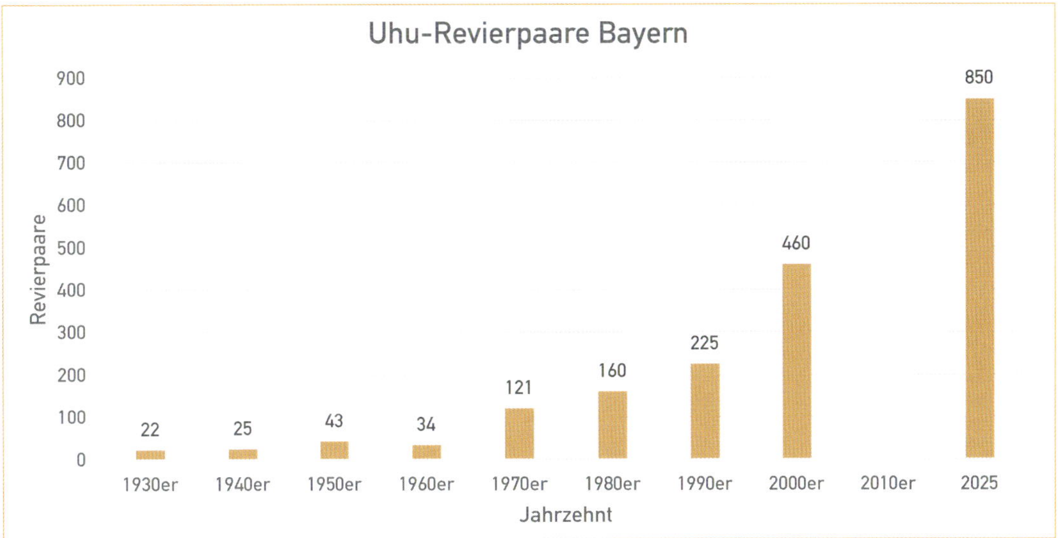

Abb. 32: Bestandsentwicklung des Uhus in Bayern 1930–2025. Die Angaben sind zur vereinfachten Darstellung in Jahrzehnte eingeteilt, in denen die jeweilige Veröffentlichung, Bestandsschätzung oder Bestandserfassung stattfand.[29,72,41,15,16,53] Bei Angaben von Bestandsspannen wurde das arithmetische Mittel gebildet.

dieser Schwerpunktgebiete gibt es in der Datenbank der Artenschutzkartierung (ASK) weitere ca. 200 Uhu-Reviere. Demzufolge gilt:

Aktuell wird der Bestand des Uhus in Bayern für das Jahr 2025 in Abstimmung und Übereinstimmung mit LfU und LBV auf 800–900 besetzte Reviere (Revierpaare und Einzelvögel) geschätzt.

Grundlagen für diese gemeinsame Einschätzung waren:

- Systematische Erfassungen im Rahmen des Artenhilfsprogramms (AHP) „Uhu / Felsbrüter“ 2001–2024 in Schwerpunktgebieten durch den LBV im Auftrag des LfU mit Finanzierung des Bayerischen Staatsministeriums für Umwelt und Verbraucherschutz (StMUV). Die Schwerpunktgebiete im AHP sind: Unterfranken, Nördlicher Frankenjura, Südlicher Frankenjura, Isar mit Loisach, Inn mit Salzach und 2021–2024 auch die Alpen.
- Gezielte Erfassungen an einzelnen Standorten außerhalb der Schwerpunktgebiete und Zufallsbeobachtungen durch den LBV mit Unterstützung vieler Ehrenamtler im Zeitraum 1990–2024
- Auswertung der ASK-Datenbank des Bayerischen Landesamts für Umwelt
- Eigene Erfassungen an Lech, Isar, Iller, Wertach und in den Alpen in den Jahren 2003–2020 auf Grundlage eigener 25-jähriger Erfahrung zur Uhu-Erfassung und zum Uhu-Schutz
- Eigene systematische Bestandseinschätzung an Lech, Isar mit Loisach, Inn mit Salzach, Iller, Wertach und den gesamten bayerischen Alpen vom Allgäu bis zum Berchtesgadener Land auf Grundlage der Art- und Gebietskenntnis und der festgelegten Uhu-relevanten Kriterien Höhenlage, Waldrandlage, Talnähe, Gewässernähe, Offenlandanteil, Waldstruktur, Abbaustellen, Steilhanglagen mit starker topographischer Struktur, ganzjähriger Nahrungsversorgung mit Hilfe der Topographischen Karte 1:25.000 und aller bayerischen Luftbilder im Maßstab 1:5.000 bis 1:10.000

Die Schwierigkeit der Uhu-Erfassung und die damit verbundenen Erfassungslücken sind deutlich erkennbar an der nachfolgenden Übersicht. Dort wird die eigene systematische Bestandseinschätzung in verschiedenen Schwerpunktgebieten dem Kenntnisstand vor

Gebiet	Kenntnisstand vorher		Eigene Einschätzung		Kenntnisstand nachher	
	besetzte Reviere	Jahr	besetzte Reviere	Jahr	besetzte Reviere	Jahr
Lech	4	2002	Erfassung 2003–2020		36	2020
Isar mit Loisach	4	2014	13–33	2014	13	2024
Inn mit Salzach	5	2012	42–80	2012	45	2016
Iller	3	2011	4–11	2011	nicht bekannt	
Wertach	1	2012	7–11	2018	nicht bekannt	
Alpen	37–44	2005–09[15]	155–246	2021	55 26	2019–24 2024

Abb. 33: Verbreitungsschwerpunkte des Uhus in Bayern mit eigener systematischer Bestandseinschätzung und dem Kenntnisstand der vorhandenen Revierpaare vor und nach der eigenen Einschätzung

und nach dieser Einschätzung gegenübergestellt. Die Erfassung am Lech wurde in einer Phase begonnen, in der aufgrund der damals noch beschränkten Kenntnis zur tatsächlichen Verbreitung des Uhus eine Bestandseinschätzung noch nicht möglich war.

Die vermeintlichen Bestandszunahmen sind nur zum Teil als echte Zunahmen zu werten. Vielmehr spiegeln sie auch den Kenntniszugewinn durch eine intensivere, gezielte und systematische Nachsuche wider. So wurde z. B. bei Synchronverhörungen (beim Verhören der Uhu-Rufe mit mehreren Personen, die ein größeres Gebiet abdeckten und sich über Funk miteinander verständigten) festgestellt, dass ein bekanntes Uhu-Revier in Wirklichkeit zwei, drei oder gar vier verschiedene Uhu-Reviere waren. Zuvor hatte man geglaubt, dass der Uhu mal da und mal dort balzt. Bei den synchronen Aktionen konnte man nun feststellen, dass verschiedene Vögel gleichzeitig riefen.

In den nachfolgenden Abschnitten wird auf den Uhu-Bestand und dessen Entwicklung in den einzelnen Schwerpunktgebieten Bayerns eingegangen. Dazu gibt es sehr unterschiedliche Datenlagen. Beispielsweise wurde der Nördliche Frankenjura, in dem der Uhu nie ausgestorben war, seit Anfang der 1960er Jahre von Alfons Förstel (†) systematisch untersucht.[24] Seit 2001 wird er durchgängig systematisch im Rahmen des Artenhilfsprogramms bearbeitet. Hingegen gibt es an den Flussläufen von Iller und Wertach bis in die aktuelle Zeit hinein keine systematischen Erhebungen über mehrere Jahre hinweg. Die einzelnen Gebiete unterscheiden sich aber vor allem durch die Gebietsgrößen und die Anzahl der Uhu-Reviere. Auch kleinere Gebiete können aufgrund der hohen Revierdichten auf engem Raum als Schwerpunktgebiete ausgewiesen werden. So gibt es an der Mangfall mit der unteren Leitzach entlang einer Strecke von ca. 27 Fkm eine hohe Uhu-Dichte von etwa 10–15 Uhu-Revieren. Der Lech wird im Kap. „Dealpine Flusstäler“ besonders ausführlich behandelt, da hier die umfangreichsten eigenen Erkenntnisse von fast 20 Jahren vorliegen und dieses Kapitel als Fortsetzung des bereits veröffentlichten Berichtes von 2010 zu verstehen ist.[39]

Wichtig ist die Angabe der „kontrollierten Reviere“ als Bezugsgröße zu den tatsächlich „besetzten Revieren“. Es ist eine viel genauere Einschätzung einer Uhu-Population möglich, wenn z. B. bekannt ist, dass bei einem Nachweis von fünf besetzten Revieren nur diese fünf Reviere oder mehr kontrolliert wurden und ein Teil davon unbesetzt war.

Der Uhu konnte in Bayern 2016 erfolgreich aus der Roten Liste der gefährdeten Brutvogelarten als ungefährdete Art entlassen werden. Nun ist es das übergeordnete Ziel, diesen wünschenswerten Zustand zu erhalten, d. h. eine selbstständig lebensfähige bayerische Uhu-Population, bei der keine weiteren speziellen Maßnahmen zu ihrem Schutz notwendig sind.

Voraussetzung hierfür ist, dass der Bestand des Uhus mindestens stabil bleibt und nicht abnimmt. In den Diagrammen zur Bestandsentwicklung des Uhus in den einzelnen Gebieten ist daher der Zielwert für eine ausreichende Reproduktion von durchschnittlich mindestens 0,68 Jungvögeln je Revier und Jahr als Linie eingefügt. Dieser zeigt an, ob bzw. wie oft der für den Populationserhalt notwendige Bruterfolg pro Jahr erreicht wurde. Dieser Wert ist die entscheidende Kenngröße zur Beurteilung der Vitalität der jeweiligen Uhu-Population (vgl. Kap. Jungenaufzucht).

Für die Schwerpunktgebiete wird jeweils der Bestand besetzter Uhu-Reviere geschätzt. Die Grundlage hierfür sind Auswertungen aus den umfangreichen Datenbanken von LfU (ASK) und LBV, Erkenntnisse aus den Schlussberichten des AHP und eigene Art- und Gebietskenntnisse.

Die Grafiken zur Bestandsentwicklung des Uhus in den einzelnen Schwerpunktgebieten beginnen zur besseren Vergleichbarkeit der Gebiete untereinander – dort, wo Daten vorhanden sind – einheitlich im Jahr 1991. Dadurch ist gut zu erkennen, dass mit Beginn des AHP die Anzahl der kontrollierten Uhu-Reviere und somit „zwangsweise" auch die Anzahl nachgewiesener Uhu-Reviere deutlich angestiegen ist. Dies lässt den Schluss zu, dass bereits vor Beginn des AHP im Jahr 2001 eine deutliche Bestandszunahme des Uhus in Bayern stattgefunden haben muss. Außerdem wird deutlich, dass in Gebieten mit nur einzelnen kontrollierten Uhu-Revieren ein teilweise sehr hoher Bruterfolg nachgewiesen wurde. Besonders gut zu erkennen ist dies im Südlichen Frankenjura (Abb. 37) und im Gebiet der Isar mit Loisach, das erst 2015 im Rahmen des AHP ehrenamtlich bearbeitet wurde. Es handelt sich hier um langjährig intensiv betreute Uhu-Reviere, deren Bruterfolg konsequent dokumentiert wurde.

Nördlicher Frankenjura

Für den Nördlichen Frankenjura (ohne die Hersbrucker Schweiz) gibt es seit 1991 systematische Erhebungen, seit 2001 im Rahmen des AHP. Konnten 1991 von 15 kontrollierten Uhu-Revieren 14 besetzte Reviere festgestellt werden, waren es 2024 von 101 kontrollierten Uhu-Revieren 78 besetzte Reviere. Diese Zahlen zeigen die erhebliche Zunahme der Kontrollen und die damit einhergehende Zunahme der festgestellten besetzten Reviere (Abb. 34).

Seit 2013 wird der Uhu im Nördlichen Frankenjura im AHP mit der Hersbrucker Schweiz systematisch erfasst. Damit ist der gesamte Nördliche Frankenjura abgedeckt. Konnten 1991 von 16 kontrollierten Uhu-Revieren 15 besetzte Reviere festgestellt werden, waren es 2024 von 133 kontrollierten Uhu-Revieren 102 besetzte Reviere. Auch im gesamten Nördlichen Frankenjura, d. h. inklusive Hersbrucker Schweiz, ist damit die weitestgehend synchrone Zunahme der kontrollierten und der tatsächlich besetzten Uhu-Reviere offensichtlich (Abb. 35).

Damit zählt der Nördliche Frankenjura zusammen mit dem Südlichen Frankenjura (vgl. Kap. Südliches Frankenjura) zum Hauptverbreitungsgebiet des Uhus in Bayern.

Der Bruterfolg im Nördlichen Frankenjura ohne Hersbrucker Schweiz zeigt ein fast jährliches Auf und Ab. Betrachtet man die für den Populationserhalt wichtige Anzahl flügger Jungvögel pro besetztem Revier pro Jahr (Zielwert 0,68), ergibt sich in den 34 Erfassungsjahren mit einem durchschnittlichen Bruterfolg von 0,67 flüggen Jungvögeln ein Wert, der fast identisch mit dem Zielwert ist. Die gemessenen Spitzenwerte liegen bei 1,60 Jungen im Jahr 1993 und 1,46 im Jahr 2010. Gleich im darauffolgenden Jahr 2011 musste – bisher einmalig – ein Totalausfall des Bruterfolgs festgestellt werden.

Betrachtet man den ermittelten Bruterfolg im Nördlichen Frankenjura mit Hersbrucker Schweiz, zeigt sich im Auf und Ab zwar ein ähnliches Bild; jedoch überwiegen nun die Jahre mit einem Bruterfolg unterhalb des Zielwertes. Im gesamten Erfassungszeitraum ergibt sich nur noch ein Bruterfolg von 0,63 flüggen Jungvögeln pro besetztem Revier.

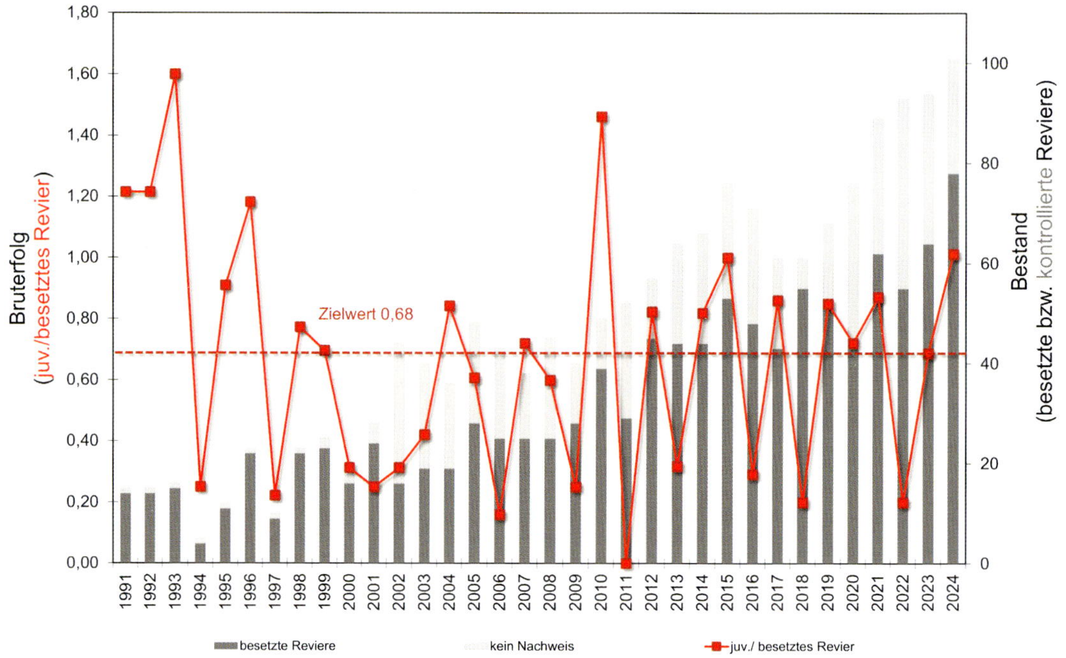

Abb. 34: Entwicklung von Bestand und Reproduktion des Uhus im Nördlichen Frankenjura ohne Hersbrucker Schweiz 1991–2024.[38] Dargestellt sind (wie auch in allen nachfolgenden Diagrammen) auf der X-Achse die Erfassungsjahre, auf der rechten Y-Achse die kontrollierten Reviere (hellgrau) und die bei den Kontrollen festgestellten besetzten Reviere (dunkelgrau), auf der linken Y-Achse der Bruterfolg mit Jungvögeln (juv.) pro besetztem Revier (rote Linie mit Wertepunkte) und die parallel verlaufende rot-gestrichelte Linie mit dem Zielwert 0,68 (Anzahl flügger Jungvögel pro besetztem Revier pro Jahr).

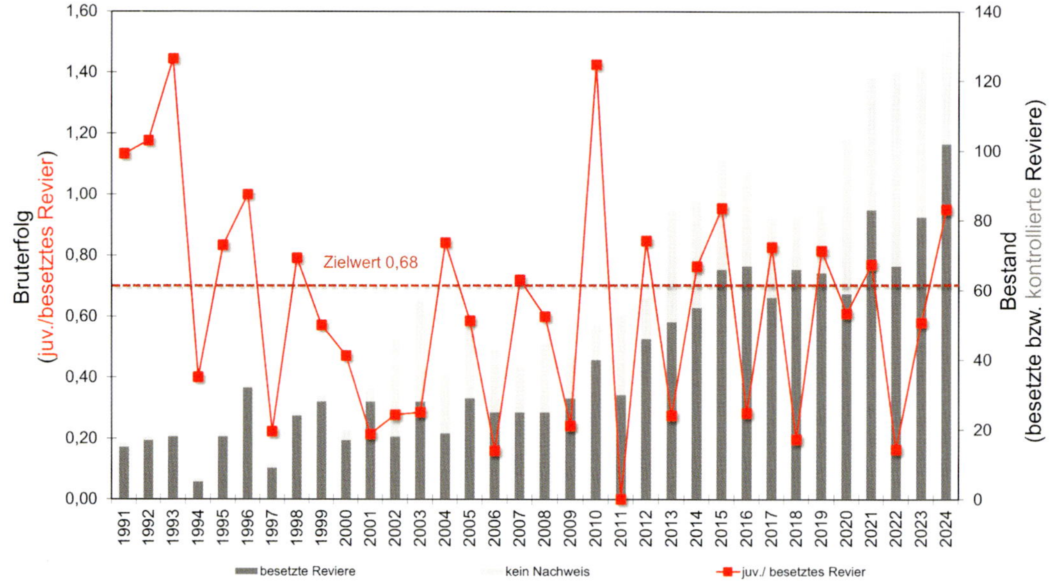

Abb. 35: Entwicklung von Bestand und Reproduktion des Uhus im Nördlichen Frankenjura mit Hersbrucker Schweiz 1991–2024[38]

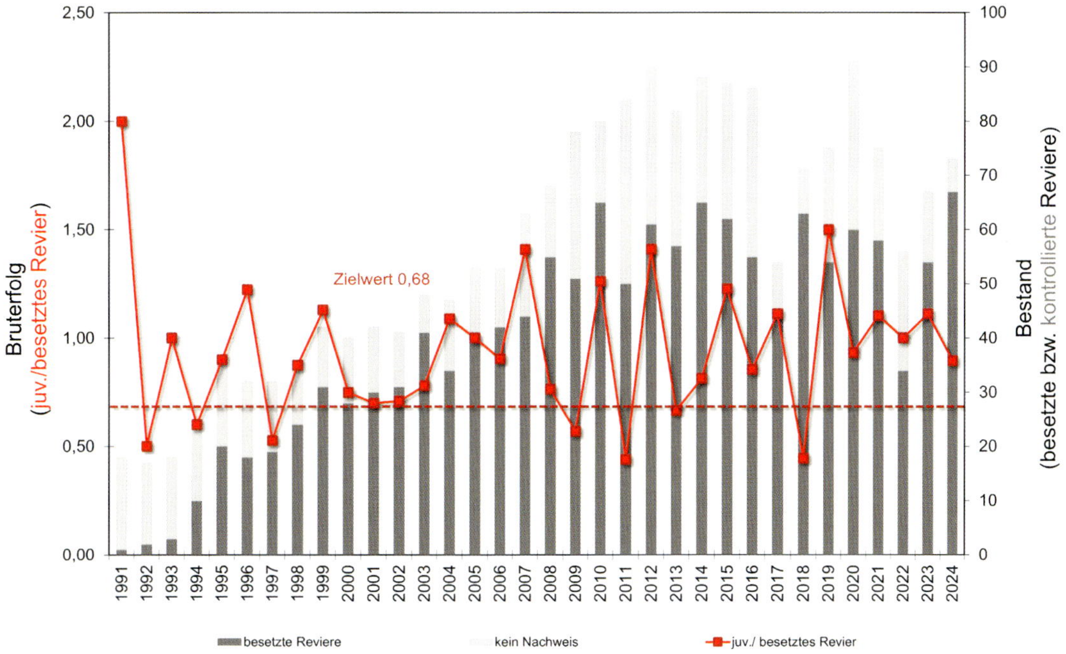

Abb. 36: Entwicklung von Bestand und Reproduktion des Uhus in Unterfranken 1991–2024[38]

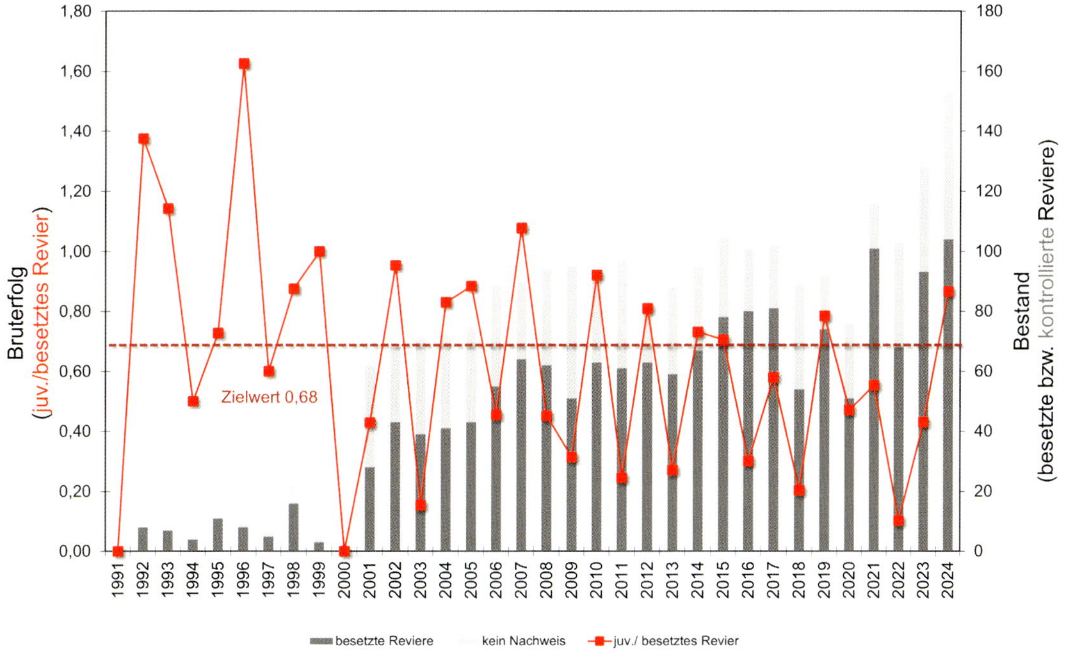

Abb. 37: Entwicklung von Bestand und Reproduktion des Uhus im Südlichen Frankenjura 1991–2024[38]

In den 12 Erfassungsjahren im Rahmen des AHP ergibt sich im gesamten Nördlichen Frankenjura mit einem durchschnittlichen Bruterfolg von 0,60 flüggen Jungvögeln pro besetztem Revier allerdings ein noch deutlich niedrigerer Wert, der den Zielwert nicht erreicht und der nach dem aktuellen Kenntnisstand zum selbstständigen Erhalt der Uhu-Population nicht genügt.

Unterfranken

Für das AHP-Schwerpunktgebiet des Uhus in Unterfranken zeigt sich ein etwas anderes Bild als im Nördlichen Frankenjura. Konnte 1991 von 18 kontrollierten Uhu-Revieren nur ein besetztes Revier festgestellt werden, waren es 2024 von 73 kontrollierten Uhu-Revieren 67 besetzte Reviere, die höchste Anzahl besetzter Reviere seit 1991. Auch in Unterfranken steigt die Anzahl der kontrollierten Reviere deutlich, stagniert ab 2012 jedoch mit einem Höchstwert von 90 kontrollierten Reviere bzw. ist sogar etwas rückläufig (Abb. 36).

Beim Bruterfolg des Uhus in Unterfranken ist ähnlich wie im Nördlichen Frankenjura ein deutliches Auf und Ab zu erkennen. Jedoch bewegt er sich auf einem deutlich höheren Niveau. Betrachtet man die für den Populationserhalt wichtige Anzahl flügger Jungvögel pro besetztem Revier pro Jahr (Zielwert 0,68) liegt der gemessene Spitzenwert bei 1,50 im Jahr 2019, während 2018 mit 0,44 der niedrigste Wert gemessen wurde. In den 34 Erfassungsjahren ergibt sich mit einem durchschnittlichen Bruterfolg von 0,95 flüggen Jungvögeln pro besetztem Revier ein bayerischer Spitzenwert. Dieser liegt deutlich über dem Zielwert von 0,68.

Die Uhu-Population in Unterfranken kann daher als Lieferpopulation angesehen werden, d. h., mit dem „Überschuss“ an flüggen Jungvögeln können benachbarte, bis dahin Uhu-freie Lebensräume besiedelt oder verwaiste wiederbesiedelt werden.

Steigerwald

Im Steigerwald mit Bereichen der Windsheimer Bucht und des Aischgrundes gibt es bislang keine langjährigen und systematischen Untersuchungen zum Bestand und Bruterfolg des Uhus. Es gibt aber umfangreiche Aktivitäten von Ehrenamtlern, die an vielen Orten Uhu-Nachweise erbringen. Demzufolge kann der Steigerwald als Schwerpunktgebiet des Uhus in Bayern angesehen werden. Der Uhu brütet dort sowohl an den felsdurchsetzten Steilhängen der Randbereiche des Steigerwalds als auch in den vielen Abbaustellen, insbesondere am Rand der Windsheimer Bucht.

Eine Auswertung der ASK-Datenbank ergibt für den Steigerwald 43 Uhu-Reviere im Zeitraum 2010–2025. Für das Gebiet werden folglich 30–60 besetzte Reviere des Uhus geschätzt.

Mittlerer Frankenjura

Der Mittlere Frankenjura wird vom Nördlichen Frankenjura und vom Südlichen Frankenjura umgrenzt. Hier gibt es keine langjährigen und systematischen Untersuchungen zum Bestand und Bruterfolg des Uhus. Man könnte sagen, dass dieses Gebiet ein Schattendasein zwischen den beiden anderen Uhu-Hotspots im Frankenjura führt. Im Mittleren Frankenjura finden sich weniger größere Felsformationen und weniger Abbaustellen. Prägend sind die vielen felsdurchsetzten Dolomitkuppen als Zeugen einer intensiven Verkarstungsgeschichte, welche potentielle Uhu-Brutplätze darstellen.

Eine Auswertung der ASK-Datenbank ergibt für den Mittleren Frankenjura 28 Uhu-Reviere im Zeitraum 2010–2025. Für das Gebiet werden aufgrund des vorhandenen Potentials an geeigneten Lebensräumen 30–50 besetzte Reviere des Uhus geschätzt.

Südlicher Frankenjura

Für das AHP-Schwerpunktgebiet des Uhus im Südlichen Frankenjura zeigt sich ein ähnliches Bild wie im Nördlichen Frankenjura. Systematische Kontrollen gibt es hier seit 1992. In diesem Jahr wurden in allen 8 kontrollierten Uhu-Revieren Uhus nachgewiesen. Mit 153 kontrollierten Uhu-Revieren, davon 104 besetzten Revieren, konnte 2024 die höchste Anzahl seit 1991 erfasst werden. Deutlich ist die Ausweitung der systematischen Erfassungen ab 2001 zu erkennen und damit auch eine Zunahme der festgestellten besetzten Reviere. Wurden im Jahr 2000 gerade einmal 2 Reviere kontrolliert, waren es 62 im darauffolgenden Jahr 2001 (Abb. 37).

Südlicher Frankenjura (2024: 104 besetzte Reviere) und Nördlicher Frankenjura (2024: 102 besetzte Reviere) sind nicht nur in der Vergangenheit, sondern auch im Jahr 2024 die beiden Top-Verbreitungsgebiete des Uhus in Bayern. Beide Gebiete zusammen beherbergen ein Viertel des Uhu-Bestandes in Bayern.

Auch im Südlichen Frankenjura ist das deutliche Auf und Ab im Bruterfolg pro besetztem Revier zu erkennen. Kein Bruterfolg konnte 2000 festgestellt werden, allerdings wurden in diesem Jahr auch nur 2 Reviere kontrolliert. 2022 gab es mit 0,10 flüggen Jungvögeln bei 103 kontrollierten und davon 68 besetzten Revieren fast einen Totalausfall der Bruten. Gemessene Spitzenwerte lagen bei 1,38 im Jahr 1992 und 1,63 im Jahr 1996. Auffallend ist, dass in den Jahren 1991–1999 mit nur wenig kontrollierten Revieren der Bruterfolg deutlich höher ist als im gesamten Zeitraum. In den vergangenen 25 Jahren wurde der Zielwert von 0,68 überwiegend nicht erreicht.

In den 34 Erfassungsjahren ergibt sich mit einem durchschnittlichen Bruterfolg von 0,63 flüggen Jungvögeln pro besetztem Revier ein Wert, der nur geringfügig höher ist als der im gesamten Nördlichen Frankenjura. Er reicht auch, wie dort, nach aktuellem Kenntnisstand nicht zur selbstständigen Erhaltung der überlebensfähigen Uhu-Population aus.

Bayerischer Wald

Der Bayerische Wald wird umgrenzt von den Landesgrenzen Tschechiens und Österreichs und von den Flüssen Donau, Regen und Chamb. Auch hier gibt es keine langjährigen und systematischen Untersuchungen zum Bestand und Bruterfolg des Uhus. In den höher gelegenen großflächigen Waldgebieten des Hinteren Bayerischen Waldes sind kaum dauerhafte Ansiedlungen von Revierpaaren zu erwarten, auch nicht im Nationalpark Bayerischer Wald. Dort ist eine dauerhafte Uhu-Ansiedlung durch die winterliche Schneedecke eingeschränkt. Viele historische Nachweise aus dem Nationalpark und dessen Umgebung stammen aus einem Uhu-Wiederansiedlungsprogramm der Nationalparkverwaltung. Sie betreffen keine dauerhaft besetzten Reviere des Uhus. Im Vorderen Bayerischen Wald hingegen bieten die zahlreich vorhandenen Steinbrüche, die Steilhänge der Täler von Regen, Ilz, Großer Ohe und Mitternacher Ohe und die Donauleiten sehr gut geeignete Brutplätze und Nahrungshabitate.

Im Zeitraum 1980–1982 wurde das „Uhu-Brutfelsen-Potential“ im Vorfeld des Nationalparks, also vor allem im Vorderen Bayerischen Wald, in den Landkreisen Freyung-Grafenau, in Passau, Regen, Deggendorf und Cham, begutachtet und bewertet. Wolfgang Scherzinger, Zoologe im Nationalpark Bayerischer Wald, schätzte damals 178 Felsen als „gut geeignet“ bis „ideal“ ein, davon 129 Naturfelsen und 49 Steinbrüche. Für den Zeitraum 1972–1985 werden jedoch nur 17 besetzte Uhu-Reviere angegeben. In selben Zeitraum wurden 100 gezüchtete Jung-Uhus ausgewildert.[55]

Im Naturpark Bayerischer Wald, vor allem im Landkreis Regen, wurden 2024 bekannte Uhu-Reviere durch die dortigen Kreisgruppen des LBV kontrolliert. Diese Kontrollen waren zwar nicht systematisch durchgeführt, doch ergaben sie trotzdem Nachweise von 25 besetzten Uhu-Revieren. Zusätzlich ist davon auszugehen, dass bis zu 20 Uhu-Reviere in den vielen Steinbrüchen existieren. Aktuelle Erkenntnisse zu ihrem Bruterfolg gibt es kaum.

Eine Auswertung der ASK-Datenbank ergibt für den Bayerischen Wald 12 Uhu-Reviere im Zeitraum 2010–2025. Die stichprobenhaften Kontrollen des LBV in 2024 ergaben 25 Uhu-Reviere. Da in der waldreichen Mittelgebirgslandschaft bekannterweise verhältnismäßig wenig Vogelkundler unterwegs sind, gleichzeitig im Vorderen Bayerischen Wald ein großes Potential an geeigneten Brutplätzen in den Steinbrüchen vorhanden ist, wird der Bestand im Bayerischen Wald auf 40–70 besetzte Reviere des Uhus geschätzt.

Tertiäres Hügelland

Unter dem Tertiären Hügelland wird eine Fläche abgegrenzt, die sich grob durch die Städte Freising, Pfaffenhofen a. d. Ilm, Mainburg, Rottenbuch, Geiselhöring, Landau a. d. Isar, Pfarrkirchen, Vilsbiburg und Moosburg umrahmen lässt. Sie befindet sich vor allem in den Landkreisen Pfaffenhofen a. d. Ilm, Freising, Landshut, Dingolfing-Landau und Rottal-Inn. Einzelne Uhu-Vorkommen in den Randbereichen, vor allem in den Landkreisen Neuburg-Schrobenhausen, Aichach-Friedberg, Dachau, Kelheim, Rottal-Inn und Passau, werden nicht dem Schwerpunktgebiet zugerechnet.

Im Tertiären Hügelland gibt es im Rahmen des Artenhilfsprogramms bislang keine langjährigen und systematischen Untersuchungen zum Bestand und Bruterfolg des Uhus. Jedoch betreuen zwei Uhu-Experten seit vielen Jahren die dortigen Uhu-Vorkommen. Den oberbayerischen Bereich bearbeitet Wilhelm Holzer mit seinem Team seit 2004. Den niederbayerischen Bereich bearbeitet Dieter Aichner mit seinem Team seit 1999 mit besonderer Unterstützung von Stefan Riedl seit 2010.

Der Uhu brütet im Tertiären Hügelland fast ausschließlich in Kies- und Sandgruben. Immer wieder werden aber auch Bruten in den Wäldern am Boden und in Greifvogelhorsten festgestellt.

Die ersten Nachweise von besetzten Revieren stammen aus dem Jahr 1999 im niederbayerischen Teil. Bei einem Brutpaar konnten gleich im ersten Jahr 5 Jungvögel beobachtet werden. Im gesamten Erfassungszeitraum 1999–2024 wurden in 116 Uhu-Revieren 177 Uhu-Nestlinge dokumentiert. Im Zeitraum 1999–2020 konnten bei 133 kontrollierten Revieren insgesamt 91 besetzte Reviere festgestellt werden, davon 71 Revierpaare und 20 Einzelvögel. Bei 111 festgestellten Jungvögeln beträgt der Bruterfolg durchschnittlich 1,22 Jungvögel pro besetztem Revier pro Jahr. Für 2020 werden 14 kontrollierte Reviere, davon 8 besetzte Reviere (7 Revierpaare und 1 Einzelvogel), und 7 Jungvögel angegeben.[1] Das sind 0,88 Jungvögel pro besetztem Revier. Allerdings schreibt der Autor von „Uhu-Nestlingen“. Wieviele dieser Uhu-Nestlinge tatsächlich flügge wurden, ist nicht bekannt. Insofern kann vermutet werden, dass der tatsächliche Bruterfolg jeweils etwas niedriger angesetzt werden muss.

Im oberbayerischen Teil wurden 2023 insgesamt 44 Uhu-Reviere kontrolliert. Es wurden 36 besetzte Reviere festgestellt, davon 27 Revierpaare und 9 Einzelvögel. Es konnten 29 flügge Jungvögel dokumentiert werden. Der Bruterfolg betrug in diesem Jahr 0,81 flügge Jungvögel pro besetztem Revier. Betrachtet man nur den Landkreis Freising, so wurden im Zeitraum 2004–2013 insgesamt 34 Uhu–Reviere kontrolliert. Von 21 besetzten Revieren wurden 21 Jungvögel flügge, was einem durchschnittlichen Bruterfolg von 1,00 Jungvögeln pro besetztem Revier entspricht. Im gesamten Zeitraum 2004–2025 konnten in 43 Uhu-Revieren Brutnachweise erbracht werden.

Ob der durchschnittliche Bruterfolg langfristig über 0,68 flüggen Jungvögeln pro besetztem Revier pro Jahr liegt und somit zum Erhalt dieser Population ausreicht, kann auf Grundlage der zur Verfügung stehenden Daten nur vermutet werden.

Der gute Bruterfolg ist vor allem in der intensiven und erfolgreichen Betreuung der Brutplätze begründet, scheint aber zumindest teilweise auch methodisch bedingt zu sein: In beiden Teilgebieten des Tertiären Hügellandes werden (wie auch in einigen anderen Gebieten) Jung-Uhus beringt. Die Beringung erfolgt im Jungen-Alter von ca. vier Wochen. Die Angaben beziehen sich daher häufig auf Brutreviere und nicht auf besetzte Reviere („Revierpaar oder Einzelvogel anwesend"). Damit wird eine direkte Vergleichbarkeit der einzelnen Schwerpunktgebiete erschwert (vgl. Kap. Jungenaufzucht).

Uhu-Reviere in Kies- und Sandgruben scheinen einer sehr hohen Dynamik ausgesetzt zu sein. Uhus, die in solchen Abbaustellen brüteten, sind plötzlich am angrenzenden Waldboden oder in Greifvogelhorsten brütend zu finden. Gründe für dieses ungewöhnliche Uhu-Verhalten könnten der laufende Abbaubetrieb und die besonders gute Erreichbarkeit der Brutnischen während und nach dem Abbaubetrieb sowie die Verfüllung der Gruben nach Abbauende sein. Die sichere Abgrenzung von festen Revieren ist daher dort besonders schwierig.

Eine Auswertung der ASK-Datenbank ergibt für das Tertiäre Hügelland 43 Uhu-Reviere im Zeitraum 2010–2025. Aufgrund der erschwerten Erfassung werden einzelne Uhu-Reviere sicherlich immer wieder übersehen, insbesondere dann, wenn die Tiere von den Abbaugebieten auf den Boden oder in Baumhorste der Wälder ausweichen. Der Bestand wird daher auf 50–60 besetzte Reviere des Uhus im Tertiären Hügelland geschätzt.

Dealpine Flusstäler

Mit dem Kenntnisstand der systematischen Uhu-Erfassung am Lech 2003–2020 und den anschließenden systematischen Erfassungen an Isar mit Loisach und Inn mit Salzach ab 2014 wurde ein Grundstein gelegt für eine Einschätzung zu den Uhu-Vorkommen an allen bayerischen dealpinen Flussläufen. Von Westen nach Osten sortiert, sind vor allem die Flüsse Iller, Wertach, Lech, Isar mit Loisach, Mangfall mit Leitzach und Inn mit Salzach relevant. Überall dort gibt es Uhu-Vorkommen mit großer bayerischer Relevanz.

An allen dealpinen Flusstälern (mit Ausnahme des inneren alpinen Inntals) gibt es fast ausschließlich Bodenbruten des Uhus, die besonders umfangreichen und erheblichen Störungen ausgesetzt sein können.

Der Kenntnisstand zu Bestand und Bestandsentwicklung des Uhus wird im Nachfolgenden dargestellt. Die Flusstäler sind in diesem Kapitel chronologisch nach den ersten umfangreicheren Kenntnisständen zu Brutbestand und Bestandsentwicklung des Uhus sortiert.

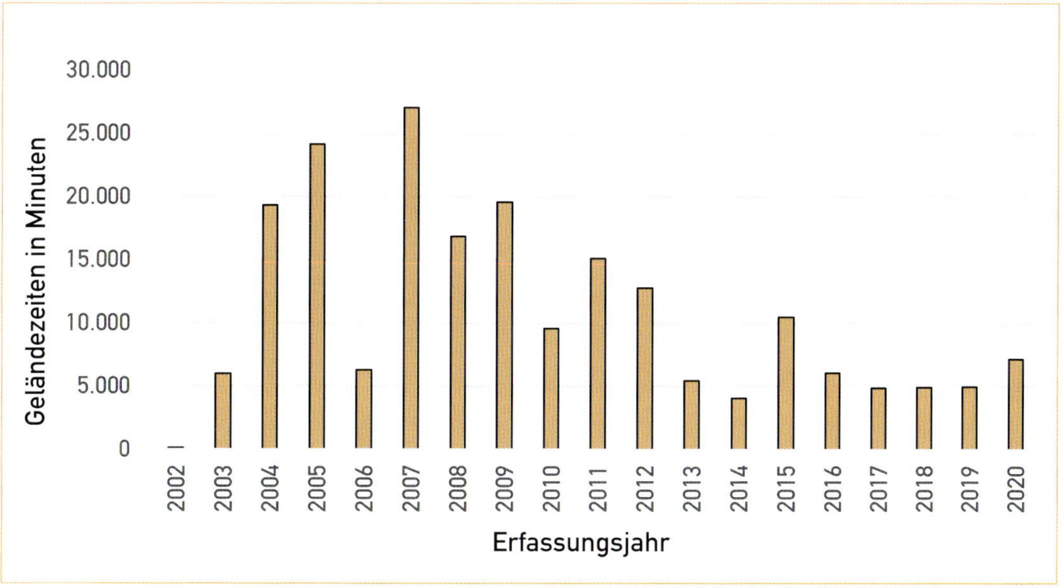

Abb. 38: Eigener Zeitaufwand zur Uhu-Erfassung am Lech: Geländezeiten von 2002–2020

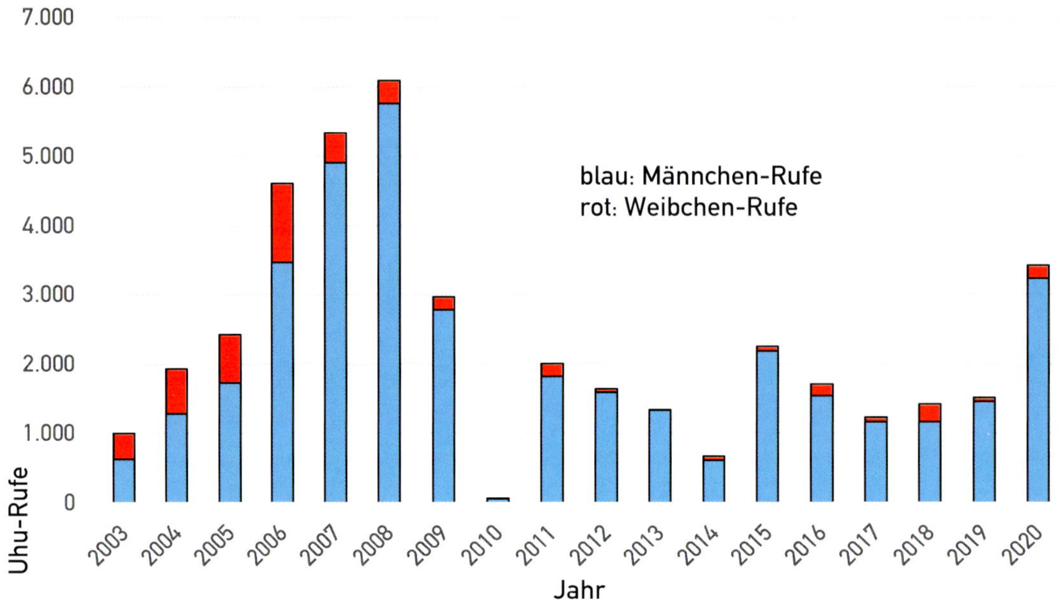

Abb. 39: Uhu-Rufe am Lech 2003–2020

Jahr	Männchen	Prozent	Weibchen	Prozent	Gesamt
2003	625	63	373	37	998
2004	1.280	66	652	34	1.932
2005	1.726	71	698	29	2.424
2006	3.473	75	1.134	25	4.607
2007	4.901	92	438	8	5.339
2008	5.763	95	331	5	6.094
2009	2.779	93	194	7	2.973
2010	57	95	3	5	60
2011	1.822	91	190	9	2.012
2012	1.591	97	52	3	1.643
2013	1.332	100	6	0	1.338
2014	605	90	64	10	669
2015	2.186	97	70	3	2.256
2016	1.539	90	177	10	1.716
2017	1.165	95	65	5	1.230
2018	1.159	82	262	18	1.421
2019	1.456	96	65	4	1.521
2020	3.234	94	191	6	3.425
Gesamt	36.693	88	4.965	12	41.658

Abb. 40: Uhu-Rufe am Lech 2003–2020 mit %-Anteilen Männchen und Weibchen; gehörte, aber nicht notierte Rufe: geschätzt 20%: 8.332 Rufe = gesamt: 49.990

Lech

Der Lech ist nach dem Inn der größte bayerische Gebirgsfluss. Der alpine Wildflusscharakter ist weitestgehend verschwunden. In der zweiten Hälfte des 20. Jahrhunderts wurde sein Erscheinungsbild durch den Bau von 24 Staustufen zur Energiegewinnung grundlegend verändert.

In den Jahren 2003–2009 entdeckte ich am mittleren Lech die erfolgreichste Uhu-Population in Bayern.[39] Mit dem vorliegenden Buch bietet sich nun die Gelegenheit, die weiteren Erkenntnisse zum Uhu am Lech aus meinen Beobachtungsjahren 2010–2020 darzustellen.

In dem 18-jährigen Erfassungszeitraum wurde der mittlere Lech im Bereich Fkm 71–140 intensiv bearbeitet. Zusätzlich kam phasenweise und sporadisch der südlich angrenzende obere Lech bis zur österreichischen Landesgrenze von Fkm 141–169 hinzu. Der Zeitaufwand für die Uhu-Erfassung im Gelände betrug 204.956 Minuten, das sind 3.415 Stunden, und würde, in Arbeitszeit umgerechnet, ca. 1 ¾ Jahre Arbeit bei einem angenommenen 8-Stunden-Tag entsprechen. Durchschnittlich sind dies 181 Stunden im Jahr oder 15 Stunden im Monat, verteilt auf 18 Jahre. Deutlich zu erkennen ist in Abb. 38 ein Rückgang der Geländezeiten im zweiten Erfassungsabschnitt. Dieser ist vor allem darin begründet, dass die Beobachtung und Erfassung des Uhus mit der gewonnenen Erfahrung gezielter und damit zeitsparender durchgeführt werden konnten. Ein weiterer Grund ist, dass die abendlichen Uhu-Rufe nicht mehr bis zum Ruf-Ende dokumentiert wurden, zugunsten einer Kontrolle weiterer Reviere am selben Abend.

Die bei den Ansitzen verhörten Uhu-Rufe sind in Abb. 39 und Abb. 40 dargestellt. Insgesamt konnten 41.658 Uhu-Rufe dokumentiert werden. Gerade im zweiten Erfassungsabschnitt wurden nicht alle gehörten Rufe notiert. Aufgrund der festgestellten Rufintensität vor Beginn und nach dem Ende meiner Verhöransitze, die ich häufig vor allem in den Jahren 2010–2020 nicht gezählt habe, schätze ich eine Quote von 20 % nicht notierter Rufe, sodass ich in den 18 Jahren insgesamt ca. 50.000 Uhu-Rufe gehört habe. Es ist allgemein bekannt, dass Uhu-Weibchen deutlich seltener rufen als die Männchen – häufig sogar überhaupt nicht. Insofern verwundert es nicht, dass nur 12 % der gehörten Rufe von Weibchen, dagegen 88 % der gehörten Rufe vom Männchen waren (Abb. 39 und 40). Im auffälligen Jahr 2010 mit fast gar keinen dokumentierten Uhu-Rufen lag der Arbeitsschwerpunkt außerhalb der Balzzeit in der intensiven Kontrolle der bekannten bisher besetzten Uhu-Brutnischen aus störungssicherer Entfernung.

Zu Beginn der Erhebungen waren am mittleren Lech nur vier Uhu-Reviere bekannt.

Mein Ziel war es, „sicher oder wahrscheinlich besetzte Reviere“ und „möglich besetzte Reviere“ flächendeckend zu visualisieren. Dabei gilt als „sicher besetzt“ ein bekanntes besetztes Revier, als „wahrscheinlich besetzt“ ein Revier, das aufgrund seiner Habitat-Eigenschaften ein Uhu-Revier sehr wahrscheinlich sein lässt, und „möglicherweise besetzt“ ein Uhu-Revier, bei dem eine Besetzung grundsätzlich möglich erscheint.

Der Kenntniszugewinn aus dem Erfassungszeitraum ist Abb. 41 zu entnehmen. Bis zum Jahr 2020 konnten am mittleren Lech 36 be-

Uhu Lech 2020	Mittlerer Lech	Oberer Lech	Lech gesamt
Flussabschnitt	Fkm 71–140	Fkm 141–169	Fkm 71–169
Revierpaare	26	5	31
Einzelvögel	10	1	11
Besetzte Reviere	36	6	42
Wahrscheinliche / mögliche Reviere	10	4	14
Gesamt	46	10	56

Abb. 41: Uhu-Reviere am mittleren und oberen Lech Fkm 71–169

Jahr	2003	2004	2005	2006	2007	2008	2009	2010	2011	2012
Besetzte Reviere	7	16	19	18	20	19	22	20	20	24
Juv.	4	11	21	?	18	3	16	24	25	26
Juv./besetztes Revier	0,57	0,69	1,11	?	0,90	0,16	0,73	1,20	1,25	1,08

Jahr	2013	2014	2015	2016	2017	2018	2019	2020	Gesamt
Besetzte Reviere	12	8	23	17	12	11	13	14	295
Juv.	5	9	19	5	7	2	13	10	218
Juv./besetztes Revier	0,42	1,13	0,83	0,29	0,58	0,18	1,00	0,71	0,74

Abb. 42: Bruterfolg des Uhus am Lech in den einzelnen Jahren 2003–2020

setzte Uhu-Reviere erfasst werden, am oberen Lech waren es 6 besetzte Uhu-Reviere. Hinzu kommen am mittleren Lech 10 wahrscheinliche/mögliche Uhu-Reviere und am oberen Lech 4 wahrscheinliche/mögliche Uhu-Reviere.

Insgesamt sind am Lech auf einer Fließstrecke von 98 km 42–56 besetzte Uhu-Reviere vorhanden.

Im Zeitraum von 17 Jahren wurden am mittleren Lech von aufsummiert 295 besetzten Revieren insgesamt 218 Uhu-Jungvögel flügge (Abb. 42). Dies entspricht einem durchschnittlichen Bruterfolg von 0,74 Jungvögeln pro besetztem Revier. Die Schwerpunktgebiete Lech und Unterfranken sind somit die einzigen dokumentierten Gebiete Bayerns, in denen der langjährige Bruterfolg zum selbstständigen Erhalt der Uhu-Population nach dem derzeitigen Kenntnisstand ausreicht. Ob dies für das Tertiäre Hügelland auch zutrifft, kann nicht mit Sicherheit gesagt werden (vgl. Kap. Tertiäres Hügelland).

Der Lech kann – wie auch Unterfranken – als Lieferpopulation angesehen werden, d. h., mit dem „Überschuss“ an flüggen Jungvögeln können benachbarte, bis dahin Uhu-freie Lebensräume besiedelt oder verwaiste wiederbesiedelt werden.

Misst man den Bruterfolg auf Grundlage der erfolgten Bruten, so konnten bei 148 dokumentierten Bruten insgesamt 217 flügge Jungvögel erfasst werden, das sind 1,47 Jungvögel pro Brutpaar. Der höchste Bruterfolg konnte am Lech in einem Uhu-Revier mit 2,67 Jungvögeln pro Brutpaar gemessen werden – allerdings nur bei 3 Bruten mit 8 flüggen Jungen in 17 Jahren. Den zweitbesten Bruterfolg erreichte ein Uhu-Paar mit 12 Bruten und 26 flüggen Jungen, das sind 2,17 Junge pro Brutpaar. Mit 13 dokumentierten Bruten in 17 Jahren konnte der höchste Wert dokumentiert werden. In 3 Revieren wurden mit 19, 20 und 26 flüggen Jungen die meisten Jungvögel registriert.

In 7 Revieren (30% von 23 Revieren) wurden 128 Jungvögel flügge (59% von 217 Jungvögel), von 91 Bruten (61% von 148 Bruten). In nur 30% der Uhu-Reviere konnten folglich etwas über 60% der Bruten und fast 60% der Jungvögel dokumentiert werden.

Bei 46 maximal möglichen Revieren wurden am mittleren Lech bei 23 Revieren Bruten festgestellt, also genau bei der Hälfte. Davon sind 7 Reviere die Top-Produzenten der flüggen Jungvögel. Daraus lässt sich schlussfolgern, dass nur 7 Uhu-Reviere optimale Habitatbedingungen haben. Bei 16 Uhu-Revieren lassen sich diese als suboptimal einschätzen. 23 Reviere haben demzufolge pessimale Habitatbedingungen oder sind nicht besetzte, potenzielle Reviere.

Ein Vergleich des Bruterfolgs pro besetztem Uhu-Revier am Lech mit dem in den Projektgebieten im AHP ergibt aufschlussreiche Ergebnisse. Abb. 43 zeigt einzelne Jahre mit weit gehend vollständiger Uhu-Erfassung. In diesen ausgewählten Jahren wird der Bruterfolg des

Uhus am Lech dem aus den langjährigen Projektgebieten des AHP gegenübergestellt. Das Projektgebiet Unterfranken beherbergt inzwischen die erfolgreichste Uhu-Population Bayerns. Unterfranken ist das Uhu-Top-1-Gebiet Bayerns. Der Bruterfolg ist in der zweiten Lech-Erfassungsphase 2010–2020 in Unterfranken höher als am Lech. Die ursprünglich erfolgreichste bayerische Uhu-Population am Lech[39] wurde von der Uhu-Population in Unterfranken „überholt". Gut ist auch zu erkennen, dass der Bruterfolg des Uhus in diesen beiden Gebieten fast durchgehend über dem bayerischen Durchschnitt liegt.

Der Wechsel in der „Vorrangstellung" war am Lech vor Ort deutlich wahrzunehmen. Die Störungen an den Uhu-Brutplätzen haben seit 2010 erheblich zugenommen. Dies konnte vor allem im Rahmen von Waldbewirtschaftungsmaßnahmen beobachtet werden. Aber auch Störungen durch Freizeitnutzung wurden vielfältiger, dauerhafter und flächendeckender (s. Kap. Konflikte und Probleme und Schutzmaßnahmen).

Isar mit Loisach

Die Isar hat in mehreren Abschnitten den Charakter eines alpinen Wildflusses. An der oberen Isar gilt der Abschnitt zwischen Wallgau und Sylvensteinspeicher als der letzte unverbaute Wildfluss Deutschlands. Die unterhalb gelegene mittlere Isar reicht von Lenggries bis an den südlichen Rand von München.

Vor 2014 waren in diesem Abschnitt der mittleren Isar zusammen mit dem untersten Bereich der Loisach maximal 3 besetzte Uhu-Reviere bekannt und nur eines systematisch kontrolliert. Meine eigene Einschätzung ergab, dass 13 sichere oder wahrscheinliche Uhu-Reviere und weitere 20 mögliche Uhu-Reviere vorhanden sein könnten (vgl. Abb. 33). Mit diesem Kenntnisstand wurde das Schwerpunktgebiet des Uhus an der mittleren Isar mit Loisach im selben Jahr als Projektgebiet in das AHP integriert.

Bis 2013 wurde mehr oder weniger nur ein bekanntes Uhu-Revier am Stadtrand von München kontrolliert. Dort wurde fast durchgängig das Revierpaar bestätigt. Dieses seit 1983 bekannte Uhu-Paar war auch noch überaus

Lech	2005	2007	2009	∑ 3 Jahre	2011	2015	2016	2019	2020	∑ 5 Jahre	∑ 8 Jahre
Besetzte Reviere	19	20	22	61	20	23	17	13	14	87	148
Jungvögel	21	18	16	55	25	19	5	13	10	72	127
Jungvögel / besetztes Revier	1.11	0.90	0.73	0.90	1.25	0.83	0.29	1.00	0.71	0.83	0.86

Südlicher Frankenjura	2005	2007	2009	∑ 3 Jahre	2011	2015	2016	2019	2020	∑ 5 Jahre	∑ 8 Jahre
Besetzte Reviere	43	64	51	158	61	78	80	74	51	344	502
Jungvögel	38	69	16	123	15	55	24	58	24	176	299
Jungvögel / besetztes Revier	0.88	1.08	0.31	0.78	0.25	0.71	0.30	0.78	0.47	0.51	0.60

Nördlicher Frankenjura mit Hersbrucker Schweiz	2005	2007	2009	∑ 3 Jahre	2011	2015	2016	2019	2020	∑ 5 Jahre	∑ 8 Jahre
Besetzte Reviere	29	25	29	83	30	66	67	65	59	287	370
Jungvögel	20	20	3	43	0	63	19	53	36	171	214
Jungvögel / besetztes Revier	0.69	0.80	0.10	0.52	0.00	0.95	0.28	0.82	0.61	0.60	0.58

Unterfranken	2005	2007	2009	∑ 3 Jahre	2011	2015	2016	2019	2020	∑ 5 Jahre	∑ 8 Jahre
Besetzte Reviere	40	44	51	135	50	62	55	54	60	281	416
Jungvögel	40	58	27	125	22	76	47	81	56	282	407
Jungvögel / besetztes Revier	1.00	1.32	0.53	0.93	0.44	1.23	0.85	1.50	0.93	1.00	0.98

Bayern (ohne Lech)	2005	2007	2009	∑ 3 Jahre	2011	2015	2016	2019	2020	∑ 5 Jahre	∑ 8 Jahre
Besetzte Reviere	150	181	173	504	189	361	332	307	313	1.502	2.006
Jungvögel	129	187	72	388	60	306	136	299	229	1.030	1.418
Jungvögel / besetztes Revier	0.86	1.03	0.42	0.77	0.32	0.85	0.41	0.97	0.73	0.69	0.71

Abb. 43: Der Bruterfolg des Uhus am mittleren Lech** und in den großen Probegebieten des Artenhilfsprogramms*,**
* Angaben aus LBV 2009 und 2024 **Alle Angaben sind Mindest-Anzahlen
grün = Gebiet mit Jahreshöchstwerten gelb = Gebiet mit zweithöchsten Werten blau = Vergleichswert Bayern

1
2
3
4
5
6
7
8
9
10
11
12
13
14
15
16
17
18

Abb. 44: Die Federn der Vögel sind in ihrer Form, Farbe, Struktur und Größe faszinierend vielfältig. Welche Federn auf diesem Bild gehören dem Uhu? Welche anderen Vogelarten sind abgebildet? Auflösung auf S. 55.

produktiv. Zwischen 1983 und 2005, in 23 Jahren, konnten 49 flügge Jungvögel dokumentiert werden: Ein bayerischer Spitzenwert! Im aktuellen Zeitraum von 2006 bis 2024 waren es immerhin noch weitere 17 flügge Jungvögel. Im gesamten Zeitraum dieser 42 Jahre waren es 66 flügge Jungvögel, was einem durchschnittlichen Bruterfolg von 1,57 entspricht. Dieses Revierpaar leistet somit einen (überdurchschnittlich) großen Beitrag zur Stabilisierung des Uhu-Brutbestandes in Bayern. Eine vergleichbare Dokumentation gelang nur noch in einem unterfränkischen Steinbruch. Dort konnten im Zeitraum 1995–2025 in 30 Jahren insgesamt 48 flügge Jungvögel erfasst werden, was einem durchschnittlichen Bruterfolg von 1,60 entspricht.

Mit Aufnahme der Isar mit Loisach in das AHP änderte sich der Kenntnisstand zum Bestand des Uhus deutlich. Wurden 2014 von 6 kontrollierten Revieren 4 besetzte Uhu-Reviere bestätigt, konnten 2024 in allen 13 kontrollierten Revieren Uhu-Nachweise erbracht werden.

Berücksichtigt man nur die zehn letzten Jahre von 2015 bis 2024, in denen systematische Kontrollen im gesamten Gebiet durchgeführt wurden, bewegt sich der Bruterfolg zwischen 0,10 im Jahr 2020 und 1,00 im Jahr 2023. In diesen zehn Jahren konnte ein durchschnittlicher Bruterfolg von 0,60 Jungvögeln pro besetztem Revier dokumentiert werden.

Dieser Wert entspricht exakt jenem aus dem gesamten Nördlichen Frankenjura (vgl. Kap. Nördlicher Fankenjura) und reicht nach aktuellem Kenntnisstand zum selbstständigen Erhalt der Uhu-Population nicht aus.

Inn mit Salzach

Der Inn fließt von der österreichischen Grenze bei Kiefersfelden bis zu seiner Mündung in die Donau bei Passau durch Bayern hindurch. Sein Flusslauf ist durch 16 Staustufen unterbrochen. Zwischen Wasserburg und Simbach prägen große Mäander seinen Flusslauf. Etwas flussaufwärts von Simbach mündet die Salzach in den Inn. Von dort bis Passau ist er Grenzfluss von Deutschland und Österreich. Zwischen Malching und Neuhaus am Inn treten die flussbegleitenden Steilhänge weit in das bayerische Hinterland zurück.

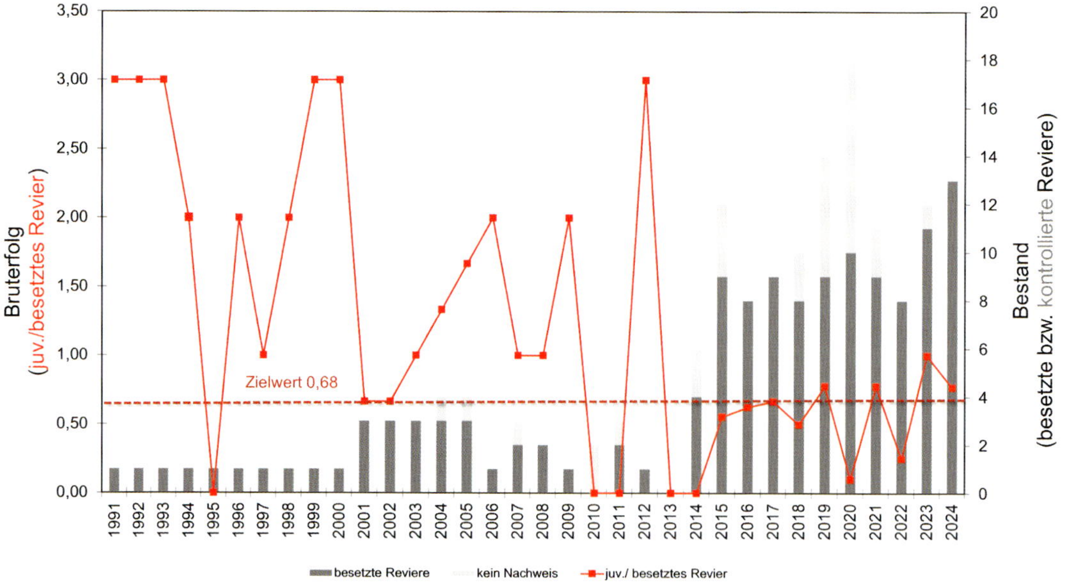

Abb. 45: Entwicklung von Bestand und Reproduktion des Uhus an Isar mit unterer Loisach 1991–2024[38]

Die Entdeckung der erfolgreichsten bayerischen Uhu-Population am Lech[39] war Anlass, den Uhu in Tallandschaften ähnlich gestalteter dealpiner Flussläufe gezielt und systematisch zu erfassen. Dazu wurde 2013 der Inn mit unterer Salzach als weiteres Projektgebiet in das AHP aufgenommen. Zu Beginn der Untersuchung waren 6 Uhu-Reviere für den Zeitraum 1996–1999[16] und nur noch 4 Uhu-Reviere für den Zeitraum 2005–2009[53] bekannt. Bereits 2012 ergab eine eigene Einschätzung, dass 42 sichere oder wahrscheinliche und weitere 38 mögliche, insgesamt maximal 80 Uhu-Reviere entlang der 213 Fkm langen Fließstrecke von Inn und entlang der 27 Fkm langen Fließstrecke der unteren Salzach vorhanden sein könnten.

Im ersten Erfassungsjahr 2014 konnten bereits 28 besetzte Uhu-Reviere im „Inneren Inntal, Unteren Inntal und an Salzach Nord“ dokumentiert werden.[68] 2015 wurden 30–31 und 2016 sogar 45 besetzte Reviere erfasst.[69, 70]

In den drei systematisch erfassten Jahren wurden am Inn mit Salzach 13 Jungvögel (2014), 17 Jungvögel (2015) und 19 Jungvögel (2016) flügge nachgewiesen. Dies entspricht einem durchschnittlichen Bruterfolg von 0,46, 0,57 und 0,42 bzw. durchschnittlich 0,45 für die drei Jahre insgesamt. Dies würde dem niedrigsten Bruterfolg in einem systematisch erfassten Gebiet Bayerns entsprechen.

Die Ergebnisse an Inn mit Salzach müssen relativiert werden. Im Gegensatz zu den systematisch untersuchten Flussläufen von Lech mit 69 Fkm (bzw. 98 Fkm bis zur österreichischen Landesgrenze) und Isar mit Loisach mit 73 Fkm umfasst der Inn mit Salzach insgesamt 240 Fkm. Während am Lech 17 Jahre und an Isar mit Loisach 11 Jahre systematische Untersuchungen zur Verfügung stehen, sind es an Inn mit Salzach nur drei Jahre.

Um einen realistischen Kenntnisstand zum Vorkommen des Uhus und seinem Bruterfolg zu bekommen, müsste der Inn mit Salzach (aufgrund der Erfahrungen aus dem langjährigen Monitoring in anderen Schwerpunktgebieten Bayerns) mindestens 10–15 Jahre lang systematisch untersucht werden.

Auflösung von Seite 52/53

1 Elster *Pica [p.] pica*
2 Steinadler *Aquila chrysaetos*
3 Krickente *Anas [c.] crecca*
4 Weißrückenspecht *Dendrocopos leucotos*
5 Star *Sturnus [v.] vulgaris*
6 Uhu *Bubo bubo*
7 Zwergschnepfe *Lymnocryptes minimus*
8 Buntspecht *Dendrocopos [m.] major*
9 Wacholderdrossel *Turdus pilaris*
10 Steinadler *Aquila chrysaetos*
11 Haselhuhn *Bonasa [b.] bonasia*
12 Stockente *Anas [p.] platyrhynchos*
13 Schleiereule *Tyto alba*
14 Waldohreule *Asio [o.] otus*
15 Wanderfalke *Falco [p.] peregrinus*
16 Uhu *Bubo bubo* Jungvogel in Mauser
17 Wanderfalke *Falco [p.] peregrinus*
18 Waldschnepfe *Scolopax rusticola*
19 Steinadler *Aquila chrysaetos*
20 Amsel *Turdus merula*
21 Buntspecht *Dendrocopos [m.] major*
22 Schleiereule *Tyto alba*
23 Gimpel *Pyrrhula [p.] pyrrhula*
24 Schnatterente *Anas strepera*
25 Blässhuhn *Fulica [a.] atra*
26 Steinhuhn *Alectoris [rufa] graeca*
27 Turmfalke *Falco [t.] tinnunculus*
28 Eichelhäher *Garrulus glandarius*
29 Graugans *Anser anser*
30 Kuckuck *Cuculus canorus*
31 Sperber *Accipiter [n.] nisus*
32 Tannenhäher *Nucifraga caryocatactes*
33 Mandarinente *Aix galericulata*
34 Uhu *Bubo bubo*
35 Sperber *Accipiter [n.] nisus*

Mangfall mit Leitzach

Die Mangfall ist ein relativ kurzer Fluss. Sie wird durch mehrere in Bayern entspringende Bäche gespeist und trägt ihren Namen ab dem Abfluss aus dem Tegernsee. Nördlich von Valley knickt sie sehr stark ab: Von Süden kommend fließt sie dort einen Kilometer nach Osten, um dann wieder nach Süden und später nach Südosten abzubiegen. In Rosenheim mündet sie schließlich in den Inn.

Mangfall und untere Leitzach sind entlang einer Fließstrecke von zusammen 27 km für den Uhu relevant. In diesem Flussabschnitt gibt es bislang keine langjährigen und systematischen Untersuchungen zum Bestand und Bruterfolg des Uhus. Der erste Nachweis eines besetzten Uhu-Reviers stammt aus 2001. Im Jahr 2015 wurde die bisher einzige gezielte Erfassung an 14 Standorten durchgeführt, mit dem Ergebnis von 6–7 besetzten Uhu-Revieren.[69] 2016 waren dann 8 besetzte Uhu-Reviere bekannt. Dieser Flussabschnitt hat durch seine bis zu 100 m hohen dynamischen Steilhänge mit Konglomeratwänden ein ausgesprochen großes Potential für den Uhu.

Eine Auswertung der ASK-Datenbank ergibt für die Mangfall mit Leitzach 11 Uhu-Reviere im Zeitraum 2010–2025. Für das Gebiet werden daher 10–15 besetzte Reviere des Uhus geschätzt.

Das erscheint erstmal für ein bayerisches Schwerpunktgebiet des Uhus sehr wenig. Entscheidend ist die hohe Uhu-Dichte in dem flächenmäßig kleinen und kurzen Fließgewässerlebensraum.

Iller

Die Iller wird von mehreren Bächen der Allgäuer Hochalpen gespeist und trägt ihren Namen ab Oberstdorf. Besonders zwischen Kempten und Lautrach ist ihr Lauf von zahlreichen Mäanderschleifen geprägt. Danach ist sie fast durchgängig bis zu ihrer Mündung in die Donau westlich von Neu-Ulm Grenzfluss Bayerns und Baden-Württembergs.

Für den Uhu relevant ist die Iller besonders auf einer Fließstrecke von 30 km. In diesem Flussabschnitt gibt es bislang keine langjährigen und systematischen Untersuchungen zum Bestand und Bruterfolg des Uhus. Der erste Nachweis eines besetzten Uhu-Reviers stammt aus 2006. Bis zum Jahr 2011 waren 4 Uhu-Reviere bekannt, aktuell sind es 9 Uhu-Reviere. Auch an der Iller besteht vor allem an den vielen ausgeprägten und für den Uhu sehr gut geeigneten Prallhängen großes Potential. Dies wurde vor allem 2012 im Rahmen von umfangreichen eigenen Begehungen und Kontrollen offensichtlich.

Eine Auswertung der ASK-Datenbank ergibt für die Iller 4 Uhu-Reviere im Zeitraum 2010–2025. Über eigene Erhebungen sind weitere 5 Uhu-Reviere bekannt. Aufgrund des sehr guten Lebensraumpotentials werden für das Gebiet somit 10–15 besetzte Reviere des Uhus geschätzt.

Wie bei Mangfall mit Leitzach ist die zu erwartende hohe Uhu-Dichte in dem flächenmäßig kleinen und kurzen Fließgewässerlebensraum ausschlaggebend für seine Bedeutung als Schwerpunktgebiet Bayerns.

Wertach

Wie die Iller entspringt auch die Wertach in den Allgäuer Hochalpen. Sie mündet in Augsburg in den Lech.

Die Wertach ist auf einer Fließstrecke von 22 km besonders im Bereich des Wertach-Durchbruchs relevant für den Uhu. Auch in diesem Flussabschnitt gibt es keine langjährigen und systematischen Untersuchungen zum Bestand und Bruterfolg des Uhus. Der bisher einzige Nachweis eines besetzten Uhu-Reviers stammt aus dem Jahr 2021. Dort wurden 2 Jungvögel flügge.

Die Wertach ist ein etwas kleinerer Fluss als die Iller, ihre Talräume sind deutlich enger. Trotzdem gibt es viele Brutmöglichkeiten an den mit kleinen und kleinsten Felsen durchsetzten Hängen mit den unzähligen Prällhängen des mäandrierenden Flusses. Dies wurde vor allem 2012 und 2013 im Rahmen von umfangreichen Begehungen und Kontrollen offensichtlich.

Eine Auswertung der ASK-Datenbank ergibt für die Wertach nur ein Uhu-Revier im Zeitraum 2010–2025. Über eigene Erhebungen sind weitere 6 Uhu-Reviere bekannt. Aufgrund des guten Lebensraumpotentials, das an die Qualität der Iller nicht ganz heranreicht, werden für das Gebiet somit ca. 10 besetzte Reviere des Uhus geschätzt.

Wie bei Mangfall mit Leitzach und bei der Iller ist die zu erwartende hohe Uhu-Dichte in dem flächenmäßig kleinen und kurzen Fließgewässerlebensraum ausschlaggebend für seine Bedeutung als Schwerpunktgebiet Bayerns.

Alpen

Der bayerische Alpenkamm lässt sich von Westen nach Osten vereinfacht in vier große Teilgebiete unterteilen: Allgäuer Alpen (westlich des Lechs), Wettersteingebirge mit Ammergebirge und Estergebirge (zwischen Lech und Isar), Mangfallgebirge (zwischen Isar und Inn) sowie Chiemgauer Alpen und Berchtesgadener Alpen (östlich des Inns).

„In den Alpen hat der Uhu keine Probleme, seine Lebensräume haben sich dort kaum negativ verändert und er hat genügend Ausweichmöglichkeiten für seine Brut." So lauteten viele Jahre lang die mündlich kommunizierten Einschätzungen zur Situation des Uhus in den bayerischen Alpen. Alle Aussagen beruhten auf Schätzungen und waren in der Regel auf kleinere Teilbereiche bezogen. Den ersten Versuch einer exakteren Erfassung samt Einschätzung mit Hilfe von Schätzklassen gab es bei der landesweiten Brutvogelkartierung in den Jahren 2005–2009. Diese systematische Schätzung kam auf 37–44 Brutpaare des Uhus.[53] Ansonsten gab es bis 2021 keinen weiteren Versuch, den alpinen Uhu systematisch zu erfassen.

Da die bisherigen Aussagen nicht mit meinem Kenntnisstand zum Uhu in Bayern und insbesondere zum alpinen Bereich übereinstimmten, unternahm ich 2021 einen Versuch, den Bestand des Uhus in den alpinen Naturräumen „Nördliche Kalkalpen" und „Schwäbisch-Oberbayerische Voralpen" anhand eigens aufgestellter Kriterien möglichst exakt einzuschätzen. Als Grundlage dienten mir die Topographischen Karten 1:25.000 und die entsprechenden Luftbilder im Maßstab 1:10.000 bis zu 1:5.000.

Zur Verfügung standen außerdem die Daten aus der ASK des LfU aus dem Zeitraum 1900–2020 mit 90 Nachweisen und die Ergebnisse der Brutvogelkartierung der Jahre 2005–2009.

Mein Ziel war es, „sicher oder wahrscheinlich besetzte Reviere" und „möglicherweise besetzte Reviere" flächendeckend zu visualisieren. Dabei gilt als „sicher besetzt" ein bekanntes besetztes Revier, als „wahrscheinlich besetzt" ein Revier, das aufgrund seiner Habitat-Eigenschaften ein Uhu-Revier sehr wahrscheinlich sein lässt, und „möglicherweise besetzt" ein Uhu-Revier, bei dem eine Besetzung grundsätzlich möglich erscheint. Die Uhu-relevanten Kriterien für die Einschätzung waren:

- Höhe maximal 1.200 m ü. NN*
- Waldrandlage – maximal 500 m (unter günstigen Habitatbedingungen 1.000 m zum Waldrand)
- Talnähe
- Gewässernähe
- Offenlandanteil
- Waldstruktur
- Abbaustellen
- Steilhanglagen mit starker topografischer Struktur (z. B. Bachtobel)
- Einschätzung der ganzjährigen Nahrungsverfügbarkeit und -erreichbarkeit

* In den bayerischen Alpen sind bislang 7 Brutplätze des Uhus über 1.000 m ü. NN bekannt; der höchste Brutplatz lag auf ca. 1.180 m ü. NN. Lediglich ein einziger dieser höchstgelegenen Brutplätze dürfte aktuell noch besetzt sein; er befindet sich im Werdenfelser Land auf ca. 1.000 m ü. NN.

Das Ergebnis dieser Einschätzung sind maximal 246 Uhu-Reviere, davon 155 sichere oder wahrscheinliche Reviere und 91 mögliche Reviere. Betroffen sind 45 Karten der Topografischen Karte 1:25.000 bzw. 96 Viertel dieser Karte. Sehr vorsichtig eingeschätzt dürften 180 alpine Uhu-Reviere in Bayern vorhanden sein.

Bei einer möglichen Addition der Reviere aus den einzelnen Schwerpunktgebieten des Uhus in Bayern sind Doppelnennungen in den Überschneidungsbereichen mit den alpinen Flussabschnitten von Lech und Inn (vgl. Kap. Dealpine Flusstäler) zu berücksichtigen.

Ab 2021 wurden die Alpen als weiteres Projektgebiet in das AHP übernommen. Ziel ist es, eine systematisch vollständige Erstaufnahme der alpinen Uhus zu erreichen.

Im Jahr 2024 wurden nur 26 besetzte Reviere in den bayerischen Alpen erfasst. Für den Zeitraum 2019–2024 sind es insgesamt 55 besetzte Reviere, wobei insgesamt 117 Reviere kontrolliert wurden.

Als vorläufiges Ergebnis bleibt festzuhalten: Die alpine Erfassung stellt höchste Anforderungen an die KartiererInnen. Die Topografie, die winterlichen Verhältnisse in den Monaten Januar bis März und die damit verbundene sehr schlechte Erreichbarkeit der Verhörplätze machen die Uhu-Erfassung in den Alpen sehr anspruchsvoll. Es stellt sich die Frage, ob die eigene Einschätzung von 155–246 Uhu-Revieren in den bayerischen Alpen deutlich zu hoch gegriffen war oder die aktuelle Erfassung ein Beleg dafür ist, dass die anspruchsvolle Erfassung in einem solch riesigen Gebiet in wenigen Erfassungsjahren mit wenig vorhandenem geschulten Personal einfach nicht möglich ist.

Wenn man einen realistischen Kenntnisstand zum Vorkommen des Uhus und zu seinem Bruterfolg bekommen möchte, müssten nach der Erfahrung aus anderen Schwerpunktgebieten Bayerns die (nach meiner Schätzung) maximal vorhandenen 246 alpinen Uhu-Reviere mindestens 15 Jahre lang systematisch in einem Monitoring untersucht werden.

Abendveranstaltung mit zehn Uhus

„Einmal im Leben den Abend mit zehn Uhus zu verbringen“, das ist ein Gedanke, der selbst für einen vogelbegeisterten Naturliebhaber etwas Besonderes darstellt. Es ist ein Naturerlebnis, das eine exakte Kenntnis der Rufplätze des Uhus und der entsprechenden Verhörplätze voraussetzt. Auch ein hohes Tempo des Beobachters ist gefragt, gepaart mit viel Glück. Es ist 16:20 Uhr an einem Januar-Tag 2012. Ich setze mich entspannt auf eine Parkbank am Flussufer des Lechs und genieße die mich umgebende Landschaft. Es ist ein herrlicher Ort. Der Lech fließt vor mir in einer Kurve träge auf seine Staustufe zu. Am gegenüberliegenden Ufer befindet sich in 320 m Entfernung an einem Rutschhang die mir bekannte Brutnische des Uhus. Sie ist von meiner Bank sogar direkt einsehbar. Mit meinem Spektiv würde ich das Uhu-Weibchen in der Nische sitzen sehen, wenn sie brütet. Ich sehe auch eine dominante Überhälter-Wald-Kiefer gegen den dunkler werdenden Dämmerungshimmel. Dieser Baum ist der bevorzugte Rufplatz des Uhu-Männchens. Hier gibt es viel zu beobachten. Große Trupps von Wasservögeln, vor allem Blässhühner, aber auch

Stockenten, Krickenten, Kolbenenten, Tafelenten, Höckerschwäne und ein paar Gänsesäger, treiben an mir vorbei und bereiten sich auf ihre nächtliche Ruhe vor. Für den Biber gegenüber ist hingegen die Tagesruhe vorbei. Er ist aus seiner großen Burg herausgetaucht und schwimmt nun ruhig, nach Gefahren sichernd, zu seinem ersten abendlichen Fressplatz im Weidengebüsch am Ufer. Ein blauer Blitz fliegt plötzlich direkt an mir vorbei. Es ist der Eisvogel, der im naheliegenden Flachwasserbereich noch einen kleinen Fisch als letzten abendlichen Snack erbeuten möchte. Es ist 16:40 Uhr. War da nicht ein sehr leises „U" zu hören? Ich höre nochmal genau hin: In der Tat, das Uhu-Männchen hat zu rufen begonnen. Aber der Ruf kommt nicht von gegenüber, wo ich ihn erwartet hatte. Zu meiner Überraschung hat der Revier-Nachbar in 900 m Entfernung gerufen. Das bleibt wie zu erwarten nicht lange unbeantwortet. Das Männchen gegenüber antwortet mit einem lauten „U-hu". Die abendliche Uhu-Balz hat begonnen. Sein Weibchen antwortet sogleich mit einem etwas in der Tonlage höheren „U-hu". Es ist ein Glücksfall: Nach 20 Minuten Ansitz ist die Anwesenheit des Revierpaars bestätigt und noch dazu die eines weiteren Uhus im Nachbar-Revier. Von 16:50 Uhr bis 17:38 Uhr genieße ich noch weitere 124 Rufe. Doch ein entspanntes Verhören der Uhu-Balz gegenüber ist heute nicht angesagt. Mein Plan ist es, an diesem Abend so viele Uhu-Reviere wie möglich zu kontrollieren. Also ist ein leiser und ruhiger, aber sehr schneller Rückzug angesagt. Mit etwas überhöhter Geschwindigkeit fahre ich mit meinem Auto die Ortsverbindungsstraße nach Norden. 17:45 bis 17:50 Uhr: Leider kein Uhu in diesem gegenüberliegenden Uhu-Revier zu hören. Schnell fahre ich auf die Bundesstraße und dort 7 km in Richtung Süden. Um 18:00 bis 18:10 rufen beide Männchen zweier gegenüber unmittelbar aneinandergrenzender Uhu-Reviere – sie sind gleichzeitig von einem Verhörpunkt aus in 600 m und 700 m Entfernung deutlich zu hören. Ich steige wieder ins Auto und weiter geht's geschwind nach Süden. 5 km weiter stehe ich an der Straße in einem Bereich, in dem gleich vier Uhu-Reviere liegen. Und prompt ruft vor mir an der anderen Lech-Seite in 500 m Entfernung das Uhu-Paar – Uhu Nummer 6 und 7 am heutigen Abend – genau dort, wo ich es erwartet hatte. Doch auch hinter mir, im Westen in 1 km Entfernung, ruft ein Männchen. An diesem muss ich kurz zuvor direkt vorbeigefahren sein. Zeitgleich ruft noch der Nachbar-Uhu im Süden, in ca. 1,5 km Entfernung. Aufgrund der besonders guten Verhör-Bedingungen sind Uhu Nummer 8 und 9 an diesem Abend auch auf diese große Entfernung zu hören. Das alles passiert innerhalb von 15 Minuten, von 18:20 bis 18:35 Uhr. Ich bin noch nicht zufrieden mit dem heutigen Ergebnis. Ich steige wieder ins Auto, starte den Motor und fahre zügig 5 km nach Westen. Dort hatte ich vor wenigen Tagen zum ersten Mal einen Uhu im Hinterland rufen gehört, etwas entfernt vom Flusslauf des Lechs. Und tatsächlich: Er ist immer noch da, ruft und markiert damit sein Revier. Ich höre die heutige Nummer 10 in meiner dreiminütigen Anwesenheit von 18:55 Uhr bis 18:58 Uhr trotz der ca. 800–1.000 m weiten Entfernung deutlich. Von 19:10 Uhr bis 19:20 Uhr versuche ich, noch zwei weitere Uhu-Reviere zu bestätigen, leider ohne Erfolg. Die Rufzeit der Lech-Uhus hat an diesem Abend wohl von 16:40 Uhr bis 19 Uhr gedauert, ca. 2 Stunden und 20 Minuten. In dieser Zeit hatte ich meinen persönlichen Rekord aufgestellt: zehn verschiedene rufende Uhus an einem Abend! Zufrieden und glücklich fahre ich mit gemäßigter Geschwindigkeit entspannt nach Hause.

FORTPFLANZUNG

Bei vielen Tieren vollzieht sich die Fortpflanzung in Zyklen. Bei Vögeln spielt die Tageslänge eine wichtige Rolle, die sich insbesondere in Zonen gemäßigten Klimas im Laufe der Jahreszeiten stark verändern kann.[73,43] Der Fortpflanzungszyklus umfasst bei Vögeln die folgenden Phasen: Revierbesetzung, Balz, Paarbildung, Nestbau, Eiablage, Bebrütung des Geleges, Aufzucht der Jungen und Betreuung der Jungen nach Verlassen des Nestes. Der Abschnitt des Jahres zwischen Revierbesetzung und Beendigung der Jungenaufzucht wird als Brutzeit bezeichnet.[14] Beim Uhu dauert sie fast das ganze Jahr, nämlich von Januar bis November. Einzig der Dezember liegt in jedem Fall außerhalb dieser Phase. Nur bei sehr frühem Brutbeginn besteht die Möglichkeit, dass der August auch außerhalb des Fortpflanzungszyklus liegt, da die Jungvögel dann schon selbstständig sein können und die Herbstbalz noch nicht begonnen hat.

Warum benötigt der Uhu fast das gesamte Jahr zur Fortpflanzung?
Vereinfacht lässt sich der Fortpflanzungszyklus eines Uhus wie folgt beschreiben:

Januar–März:	Balz
Februar–Mai:	Brut
März–Juli:	nicht flügge Jungvögel
Mai–September:	Fütterung flügger Jungvögel
September–November:	Herbstbalz

In der Realität variiert der zeitliche Ablauf der einzelnen Brutphasen. Je nach frühem oder spätem Beginn der Brut kann sich der gesamte Zyklus nach vorne oder hinten verschieben. Beim Uhu ist eine große Varianz möglich.

Basierend auf meinen eigenen Beobachtungen des Brutverhaltens wird dies in Abb. 46 beispielhaft dargestellt.

Der früheste Brutbeginn, den ich selbst beim Uhu beobachtet habe, war der 31. Januar. In der Tabelle wird das mit Anfang Februar (= 1. Dekade Februar) gleichgesetzt.

Spätester Brutbeginn nach eigener Beobachtung war der 3. April. In der Literatur sind sowohl ein Brutbeginn vor dem 31. Januar als auch nach dem 3. April beschrieben.[30]

„Normaler" Brutbeginn liegt irgendwann zwischen 15.–20. März. Die Brut dauert in der Regel 34 Tage.

Die Jungvögel schlüpfen in einem Abstand von drei Tagen (bei Gelegegrößen von meist ein bis drei Eiern, ausnahmsweise vier Eiern, in seltenen Fällen sogar fünf Eiern). Der Schlupfvorgang kann bis zu 12 Tage in Anspruch nehmen. In der Tabelle wird von einem Gelege mit zwei Eiern ausgegangen.

Ein Jungvogel gilt im Alter von zehn Wochen als flügge. Die Jungenfütterung nach dem Flüggewerden dauert acht Wochen (vgl. Abb. 65.

Die Brut und die Jungenaufzucht bis zum Selbstständigwerden der Jungvögel dauern bei der weltweit größten Eulen-Art besonders lang. Beginn und Ende dieser Fortpflanzungs-

Fortpflanzungsphase	Brutbeginn Normal	Früh	Spät
Brutbeginn	zweite Dekade März	erste Dekade Februar	erste Dekade April
Schlupf	dritte Dekade April	erste Dekade März	erste Dekade Mai
Flügge Jungvögel	erste Dekade Juli	zweite Dekade Mai	zweite Dekade Juli
Ende Jungenfütterung	dritte Dekade August	zweite Dekade Juli	dritte Dekade September

Abb. 46: Jahreszeitliche Zuordnung einzelner Phasen des Fortpflanzungszyklus bei normalem, frühem und spätem Brutbeginn. Angegeben sind Dekaden (10–Tagesschritte).

Abb. 47: Dieses Uhu-Weibchen hat am 31. Januar zum Brüten begonnen. Nach 50 cm Neuschnee am 19. Februar sind von ihr nur noch drei Federn sichtbar. Alle drei später geschlüpften Jungvögel sind flügge geworden.

phase variieren innerhalb des Zeitraumes 1.2.–30.9. Hinzu kommen die Zeiten von der winterlichen Hauptbalz und der Herbst-Balz. Dem Uhu bleibt folglich nicht viel Zeit, sich von der Anstrengung der Fortpflanzung zu erholen. Der Fortpflanzungszyklus dauert fast das gesamte Jahr.

Der für den Uhu-Schutz besonders relevante, störungsempfindlichste Zeitraum des Fortpflanzungszyklus reicht von Anfang Januar (Balzbeginn) bis Ende Juli (letzte Jungvögel werden flügge).

In diesem Zeitraum können Störungen dazu führen, dass gar nicht erst gebrütet wird, die Brut aufgegeben wird oder verloren geht. Bodenbruten sind besonders gefährdet. Eine einzige Störung kann bedeuten, dass Eier oder Jungvögel bei der vorhandenen Kälte erfrieren oder Beute von Fuchs und Co. werden, wenn das brütende oder hudernde Uhu-Weibchen aus der Brutnische flüchten muss und in der Regel erst in der Abenddämmerung zurückkehrt.

Balz

Der Uhu balzt zweimal im Jahr, im frühen Herbst und im späten Winter. Mit seinen tiefen „U-hu"-Rufen macht er auf sich aufmerksam. Die Herbstbalz ist typisch für alle Eulen und dauert beim Uhu von September bis November. Sie dient jungen und verwitweten Uhus der Partnersuche und Uhu-Paaren der Festigung ihrer Partnerbindung, der Bestätigung ihres Brutplatzes und einer ersten Reviermarkierung vor der Hauptbalz. Die Hauptbalz findet im Spätwinter statt und dauert teilweise bis in den April hinein. Der Schwerpunkt liegt im Februar und März.[30, 62] Die Balz ist ein beeindruckendes Schauspiel. Während der Rufe des Männchens wird sein weiß leuchtender Kehlfleck weithin sichtbar, sogar bis in die tiefe Dämmerung hinein. In Sichtweite des Weibchens stellt er außerdem seine Schwanzfedern senkrecht in die Höhe – fast so, als würde ein Pfau ein Rad schlagen. Uhus leben in Dauer-Ehe, bleiben ihrem Part-

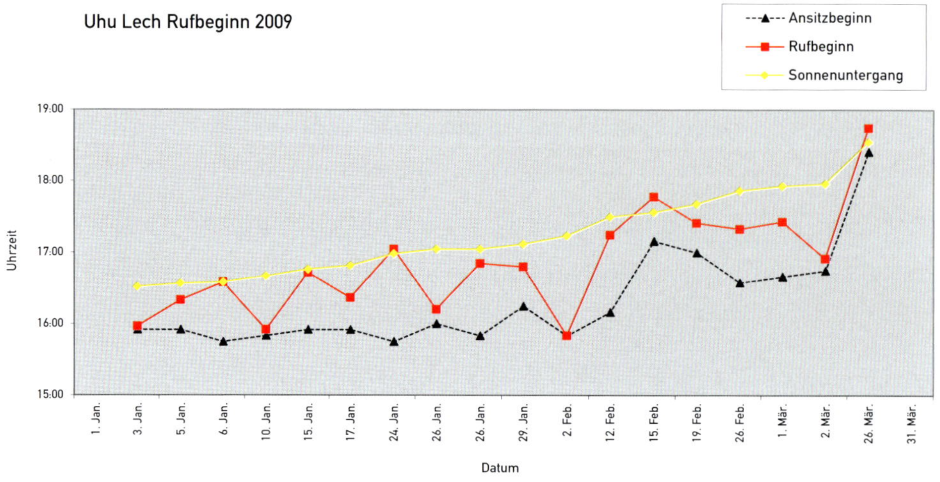

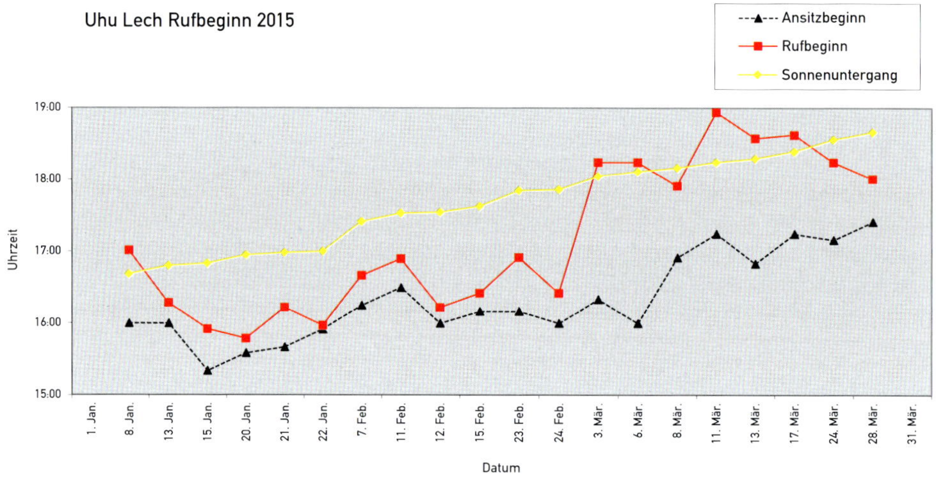

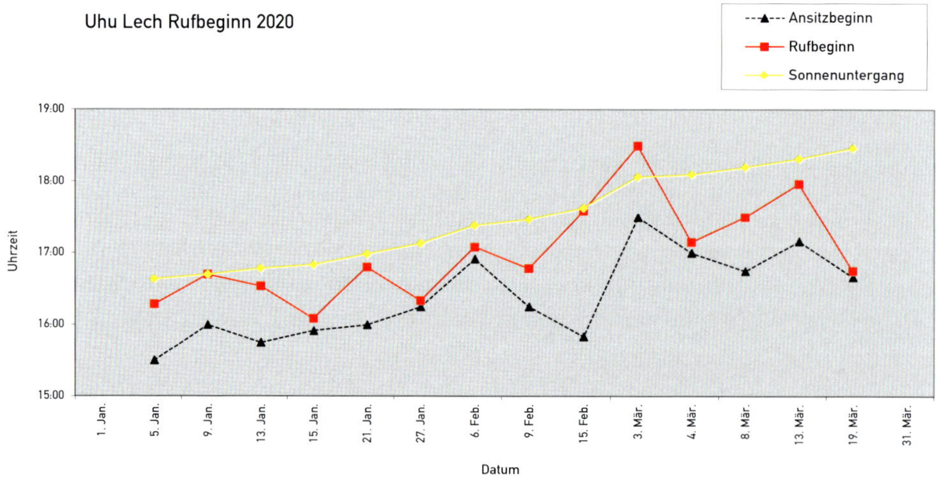

Abb. 48–50: Rufbeginn des Uhus am Lech in den Jahren 2008, 2015 und 2020

ner ein Leben lang treu, sind monogam. Dies trifft zumindest für die meisten Uhu-Paare zu. Vor allem mit Hilfe moderner Technik, wie z. B. der Telemetrie, häufen sich die Beobachtungen, die auf mögliche Partnerwechsel hindeuten.[30] Auch gibt es Beobachtungen, bei denen Männchen oder Weibchen zu den Brutplätzen benachbarter Uhu-Reviere flogen. Ich

Die Nacht der tausend Rufe

Es gibt noch keinerlei Anzeichen vom herannahenden Sonnenuntergang, als ich mich langsam und leise am Lech entlang in Richtung dem am gegenüberliegenden Ufer mir bekannten Uhu-Brutplatz pirsche. Mein Auto habe ich 600 m vom Brutplatz entfernt geparkt. Ich war bereits zur Mittagszeit hier, habe die Gegend erkundet und einen Platz für den abendlichen Ansitz ausgewählt. Obwohl noch helles Tageslicht meinen Weg erleuchtet, versuche ich, auf keinen knacksenden Ast zu treten und auf keinen knirschenden Kieferzapfen. Ich weiß, dass man sich an einen Uhu nicht anschleichen kann. Er sieht oder hört alles. Trotzdem versuche ich, so leise wie möglich meinen Ansitzplatz zu erreichen – und zwar mindestens 20 Minuten bevor ich mit dem Rufbeginn des Uhus rechne. Meine Erfahrung hat mich gelehrt, dass ein Uhu trotz vorheriger Störung durch Personen im größeren Umkreis nach ca. 20 Minuten (wieder) zum Rufen beginnt, wenn man absolut lautlos an einem Ansitzplatz sitzt, der sichtgeschützt sein muss. Mein Ziel ist es, den Uhu zu hören. Ihn zu sehen, ist sehr unwahrscheinlich und noch dazu gar nicht nötig. Um 16:45 Uhr komme ich am Ansitzplatz an. Es ist kalt an diesem Abend. Trotzdem habe ich auf eine Thermoskanne voller Tee zum Aufwärmen verzichtet. Das Trinken ist immer mit ungewollten Geräuschen verbunden, die zum einen den Uhu stören können; zum anderen will ich beim Trinken nicht die ersten leisen Uhu-Rufe überhören. Mein grüner Lodenoverall gehört zum Ansitz-Standard. Freunde haben mich wegen dieser Tarnung einmal „der Uhu-Mann mit dem Strampel-Anzug“ genannt. Raschelfreie dicke Winterhandschuhe und eine Sturmhaube unter der Wollmütze, die nur meine Augen frei lässt, gehören auch dazu. Mit dieser Ausstattung sind bei meinen Ansitzen Leute schon wenige Meter an mir vorbeigegangen, ohne mich wahrgenommen zu haben. Auch heute bestätigt sich meine Erwartung zum Zeitpunkt des Rufbeginns. Um 17:02 Uhr, knapp 20 Minuten nach meinem Ansitzbeginn, beginnt das Uhu-Männchen zu rufen. Doch dann folgt unerwartet eine Stunde lang Stille. Gab es eine Störung am Brutplatz oder war das Männchen zu einem ersten Beutefang unterwegs? Ich weiß es nicht. Uhu-Beobachtungen sind aufgrund des fehlenden Sichtkontaktes häufig mit Deutungsversuchen und Vermutungen verbunden. Mit zunehmender Beobachtungserfahrung kommen diese der Realität immer näher. Um 18:05 Uhr ruft der Uhu erneut und in den darauffolgenden 2 ½ Stunden dann ohne weitere Pause. Von 18:05 bis 20:40 Uhr, in diesen 155 Minuten, konnte ich mit meiner Uhu-Zähluhr (vgl. Kap. Beobachtungstipps) insgesamt 1.117 Rufe des Uhu-Männchens dokumentieren. Das sind durchschnittlich sieben Rufe pro Minute bzw. ein Ruf alle acht Sekunden. Für 1.000 Rufe hat dieser Vogel gerade mal 1 Stunde und 57 Minuten benötigt. Diese Ruf-Intensität ist kein durchschnittlicher Standard, das kann man in der Fachliteratur nachlesen. Es ist als Ausnahme-Leistung eines balzenden Uhus anzusehen, ein einmaliger Glücksfall für diese Dokumentation. Nebenbei bemerkt, habe ich um 20:40 Uhr den Ansitz beendet und mich so leise es ging zurückgezogen. Der Uhu rief weiter, und selbst als ich mit dem Auto abfuhr, hörte ich noch immer sein unverwechselbares, dunkles Timbre.

hatte selbst mehrmals solche Beobachtungen am Lech. Was sie dort gemacht haben, blieb mir in der Dunkelheit der winterlichen Nächte verborgen.

Die Rufaktivitäten sind je nach Region, Uhu-Individuum und Uhu-Dichte unterschiedlich ausgeprägt. In Gebieten mit hoher Uhu-Dichte, wie zum Beispiel am Lech, sind Uhu-Paare nahezu gezwungen, rechtzeitig, intensiv und dauerhaft ihr Revier mit Rufen in der Balzzeit gegenüber Artgenossen abzugrenzen. Andererseits müssen isolierte Uhu-Paare ohne unmittelbare Reviernachbarn kaum oder gar nicht balzen. Ältere Revierpaare können außerdem aufeinander so eingespielt und abgestimmt sein, dass sie mitunter nicht mehr balzen. Hingegen rufen Einzelvögel auf der Suche nach einem Partner oft bis in den April hinein recht ausdauernd. Die Balzzeit am Lech beginnt für mich in jedem Jahr aufs Neue am 1. Januar. Nach den lauten Feierlichkeiten zum Jahreswechsel ist dies eine willkommene und schnelle Möglichkeit, zur Ruhe und Entspannung zurückzukehren. Die intensivste Balz habe ich meist um den 10. Januar beobachtet. Wenn man von einem Höhepunkt der Balz im Februar bis März ausgeht, ist es in Gebieten mit hoher Uhu-Dichte wie am Lech sehr wahrscheinlich, dass man zu dieser Zeit keine Rufe hört, weil dann schon gebrütet wird.

Uhus beginnen am Abend normalerweise vor dem Sonnenuntergang zu rufen. Wird später mit dem Rufen begonnen, ist häufig eine Störung die Ursache, z. B. durch Spaziergänger oder Waldarbeiten. Im Rahmen von Projekten oder Schutzmaßnahmen ist es wichtig, die ersten abendlichen Rufe des Uhus zu dokumentieren. Diese werden vom Schlafplatz aus getätigt. Der Schlafplatz befindet sich zur Balzzeit in der Nähe des späteren Brutplatzes. Erst nach den allerersten Rufen, das können mitunter nur ein, zwei oder drei Rufe sein, fliegt das Uhu-Männchen zu seinem bevorzugten Rufplatz und beginnt dort mit der ausführlichen Balz.

In den Abb. 48–50 ist exemplarisch der Rufbeginn am Lech in den Jahren 2008, 2015 und 2020 in Bezug zum jeweiligen Sonnenaufgang dargestellt. Deutlich ist der Rufbeginn vor Sonnenuntergang zu erkennen. Die wenigen Fälle eines Rufbeginns nach Sonnenuntergang dürften meist durch Störungen verursacht worden sein. In Einzelfällen kann ein erster schneller Beuteflug der Grund für einen späten Rufbeginn sein. Gut zu erkennen ist der frühe Ansitzbeginn, der wichtig ist, um nicht selbst zur Rufstörung zu werden. Der Ansitz sollte im Idealfall mindestens 20 Minuten vor dem vermuteten Rufbeginn bzw. 50 Minuten vor dem Sonnenuntergang liegen.[39]

Gelege

Zwischen Februar und Mai kann man mit Gelegen des Uhus rechnen. Am häufigsten sind Gelege mit zwei oder drei Eiern. Seltener gibt es nur ein Ei, noch seltener sind Gelege mit vier Eiern. Gelege mit fünf Eiern sind die absolute Ausnahme. Letztere konnte ich am Lech nur dreimal dokumentieren, in den Jahren 2007, 2010 und 2015. Die Gelegegröße ist in erster Linie abhängig von der individuellen Fitness des Revierpaars. Eine gute Nahrungsversorgung im Winter mit kurzen Flugdistanzen zu den Beutetieren ist die entscheidende Grundlage für eine hohe Fitness. Es brütet ausschließlich das Weibchen. Das Männchen ist für die Nahrungsversorgung zuständig und überwacht den Brutplatz vom naheliegenden Schlafplatz aus. Das Weibchen verlässt in dieser Zeit die Brutnische nur sehr selten und sehr kurz, um in nächster Nähe „abzuschmelzen", d. h. Kot (= Schmelz) abzusetzen. Während der Brutzeit hat der Schmelz vom Weibchen eine gelbliche Farbe. Ein solcher Schmelz kann folglich als indirekter Brutnachweis gewertet werden.

Brutplatz

In der Fachliteratur kann man nachlesen, dass der Uhu bei der Auswahl des Brutplatzes eine erhebliche Vielfältigkeit zeigt.[30] Die Art des Brutnischen-Habitats scheint zweitrangig zu sein. Die folgenden Kriterien haben für den

Abb. 51: Taubes, nicht befruchtetes Ei mit vielen Beuteresten (vor allem Mäusebussard) in der Brutnische – geborgen am 11.06.2009. Von diesem Gelege wurden zwei Jungvögel flügge.

Abb. 52: 5er-Gelege am Lech 20.03.2010. Von diesem Gelege wurden vier Jungvögel flügge, bei einem Ei stellte sich später heraus, dass es taub (nicht befruchtet) war.

Uhu bei der Wahl einer Brutnische vorrangige Bedeutung:

1. Ungestörtheit
2. Freie An- und Abflugmöglichkeit
3. Möglichkeit zur Verteidigung gegenüber Prädatoren bei Bodenbruten
4. Geeignetes Bodensubstrat zur Anlage einer Brutmulde
5. Überdachung als Schutz vor Regen und Nässe
6. Geeigneter Tageseinstand in unmittelbarer Nähe der Nische

In der Dokumentation des LBV von 1.310 bayerischen Uhu-Brutplätzen in den Jahren 1954–2024 gibt es für 877 Brutplätze eine Angabe zum Habitat. Für 67 %, zwei Drittel aller nachgewiesenen Brutplätze, ist folglich eine Auswertung der Brutplatz-Habitate möglich. Vereinfacht lassen sich die Brutplätze in Bodenbruten, Felsbruten, Baumbruten und Gebäudebruten unterscheiden. Zu den Bodenbruten werden „echte" Bodenbruten und alle Bruten in Abbaugebieten zusammengefasst. Auch wenn der Uhu in Steinbrüchen zum Beispiel an Felspartien brütet, sind diese dort in der Regel leicht „zu Fuß" erreichbar. Das macht sie anfällig für Beutegreifer wie Fuchs und Marder – eine ernst zu nehmende Gefahr für die Brut des Uhus (vgl. Kap. Konflikte und Probleme). Bruten in den anderen Abbaugebieten sind ohnehin alle als „echte" Bodenbruten einzustufen. Unter dem Sammelbegriff Abbaugebiete fallen: Steinbrüche, Basaltbrüche, Gipsbrüche, Kalksteinbrüche, Deponien, Kiesgruben, Sandgruben, Lehmgruben und Tongruben. Insbesondere bei Steinbrüchen sind sowohl stillgelegte Steinbrüche als auch noch im Abbaubetrieb befindliche Steinbrüche relevant (vgl. Kap. Brutplatzschutz). Zu den Gebäudebruten zählen u. a. Burgen, Ruinen, Hochhäuser und Brücken. Auch zwei Jagdkanzeln und einen angebotenen Kunsthorst rechne ich zu dieser Kategorie.

In Abb. 53 wird deutlich, dass insgesamt mehr als die Hälfte der Bruten am Boden stattfinden. Mit 42 % (n=373) Bruten in Abbaustellen und 14 % (n=120) Bodenbruten sind dies 56 % (n=493) aller dokumentierten Bruten in Bayern. 39 % (n=337) sind Felsbruten. Gebäudebruten mit einem Anteil von 3 % (n=29) und Baumbruten mit 2 % (n=18) haben nach aktuellem Kenntnisstand in Bayern eher eine untergeordnete Bedeutung.

Diese Erkenntnis spielt für die Gefährdung des Uhus in Bayern und für dessen Schutz eine sehr bedeutende Rolle (vgl. Kap. Gefährdung und Schutz). Daher wird nochmal zusammengefasst:

56 % der Uhus brüten in Bayern am Boden, davon 42 % in Abbaugebieten und 14 % am Waldboden.
39 % der Uhus brüten in Bayern an Felsen.
5 % der Uhus brüten in Bayern an Gebäuden (3 %) oder auf Bäumen (2 %).

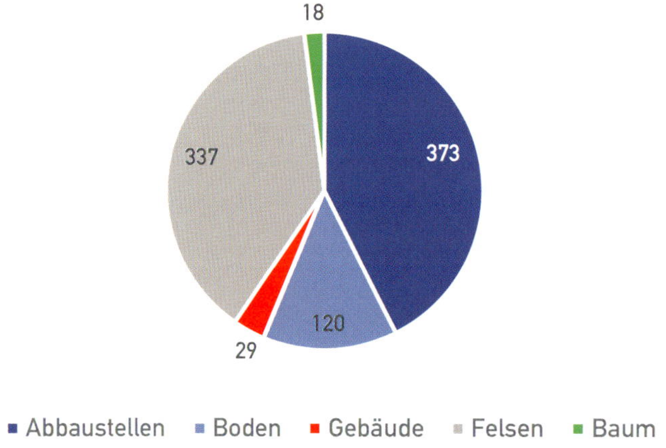

Abb. 53: Anzahl der dokumentierten Bruthabitate des Uhus in Bayern im Zeitraum 1954–2024, zur Vereinfachung in die fünf Kategorien Abbaustellen, Boden, Gebäude, Felsen und Baum zusammengefasst

Abb. 54: Immer häufiger werden Brutplätze des Uhus an Gebäuden festgestellt, wie z. B. bei diesem Uhu-Männchen im Kirchturm eines Klosters. Nachdem dort noch nicht flügge Jungvögel abstürzten, wurden am Brutplatz mit freundlicher Genehmigung des Klosters zwei Wildkameras aufgestellt. Damit konnten die Gründe für die Abstürze gefunden und entsprechende Schutzmaßnahmen umgesetzt werden.

Abb. 55: Die Aussicht des Uhus vom Brutplatz des Kloster-Kirchturms: Das Jagdgebiet mit den Gehölzbeständen am Ortsrand und die daran angrenzende strukturreiche Wiesen- und Ackerlandschaft liegen direkt vor der „Haustüre“ dieses Uhus.

Als der Orkan kam

Es war der 31.03.2015. Orkan „Niklas“ braust mit Spitzengeschwindigkeiten von 192 km/Std. über Bayern hinweg. Die Schäden, die er anrichtet, werden später auf 750 Millionen Euro beziffert. In den Wäldern sind viele Bäume entwurzelt oder die Baumwipfel abgebrochen.

Der Bereich Schongau – Landsberg – Weilheim ist besonders betroffen. Schnell wuchs in mir die Sorge, wie die Uhus am Lech diesen Orkan überstanden hatten. Kontrollgänge waren in der Folgezeit angesagt. Am 10.04.2015 stand ich dann vor einem aufgegebenen Uhu-Gelege mit drei kalten Eiern. Einen Meter unterhalb der Brutnische lag eine halbe Eischale, die auf ein geschlüpftes Junges hindeutete. Wenige Meter entfernt lag eine Vielzahl an starken und hohen windgeworfenen Fichten im Hang. Durch sie müssen heftige Einschläge auf Tuchfühlung zum brütenden Uhu-Weibchen stattgefunden haben. Das kann kein Uhu aushalten, dachte ich mir. Erst zehn Tage später habe ich die Eier geborgen. Die an-

Abb. 56: Waldbestand nach Orkan „Niklas“ am Uhu-Brutplatz am Lech

Abb. 57: Wegen Orkan „Niklas“ aufgegebenes Uhu-Gelege am Lech

Abb. 58 und 59: Links die Brutnische mit zwei Jungen im Jahr 2011, rechts dieselbe Brutnische mit einem Jungvogel im Jahr 2015 unmittelbar nach dem Orkan „Niklas“.

Abb. 60: Der linke Uhu-Embryo hätte noch einen Tag bis zum Schlupf gebraucht, der rechte noch vier Tage.

schließende Untersuchung ergab, dass ein Ei unbefruchtet war. Im zweiten Ei befand sich ein Embryo, der ein Tag vor dem Schlupf gewesen wäre, im dritten Ei ein Embryo, der vier Tage vor dem Schlupf war. Der vermutlich geschlüpfte und nicht mehr aufgefundene Jungvogel vom Eischalen-Rest war folglich wahrscheinlich bereits zwei Tage alt.

Am selben Tag in einem anderen Uhu-Revier 3 km nördlich dann die Sensation: Das Uhu-Weibchen sitzt in der Nische am Wurzelanlauf einer starken Hang-Fichte und brütet. Es ist kaum zu glauben, denn diese Fichte ist beim Orkan „Niklas" in 3 m Höhe abgebrochen. Am 30. Juni konnte ich an diesem Brutplatz tatsächlich einen flüggen Jungvogel dokumentieren. Auch hier müssen sich an jenem stürmischen 31.03.2015 dramatische Szenen am Brutplatz abgespielt haben. Aber dieses Uhu-Paar hatte in diesem Jahr Bruterfolg – trotz der durch Orkan „Niklas" verursachten Zerstörung.

Wenn mir an dieser Stelle ein menschlicher Vergleich erlaubt sei, gibt es selbst unter den Uhus Glücksvögel und Pechvögel sowie Individuen, die stärkere Nerven und

Abb. 61: Auch wenn der Anlass im Sinne des Uhu-Schutzes traurig ist, kann man auf diesem Foto eine faszinierende Komposition von Struktur und Farbe erkennen. Es zeigt die ursprünglich beste Blutversorgung für den Embryo über Blutgefäße und Dottersack im Uhu-Ei.

größeres Durchhaltevermögen besitzen als andere. Auf jeden Fall gibt dieses Beispiel den deutlichen Hinweis darauf, dass jede Situation, jede Problematik, jede Schutzmaßnahme immer individuell beurteilt werden sollte.

Abb. 62: Perfekte Tarnung in optimaler Brutnische unter einem Nagelfluhfelsen: Uhu-Weibchen hudert Jungvogel.

Jungenaufzucht

Die Aufzucht der Jungvögel ist beim Uhu ein langwieriger Prozess. Bis zur Selbstständigkeit der Jungen vergehen ca. 4 ½ Monate. Das Uhu-Weibchen bleibt meist drei Wochen lang nach dem Schlupf der Jungen in der Brutnische und hudert, beschützt und füttert sie. Währenddessen bewacht das Männchen vom nahe liegenden Schlafplatz den besetzten Brutplatz und versorgt Weibchen und Jungen mit Nahrung. Werden die Jungen größer, wird es irgendwann je nach Größe der Brutnische dort zu eng und vermutlich auch zu unruhig. Die Jungen sind dann groß genug, um sich selbst zu wärmen. Das Weibchen wechselt an einen Schlafplatz in unmittelbarer Nähe der Jungvögel. Es gibt eine deutliche Aufgabentrennung beim Brutgeschäft des Uhus: Das Weibchen brütet, hudert, beschützt und füttert die Jungen, während das Männchen für den Nahrungserwerb zuständig ist und den Brutplatz bewacht. Erst ab einem Jungenalter von drei bis vier Wochen löst sich diese Aufgabentrennung langsam auf. Je nach Lage und Ausstattung der Brutnische verlassen die Jungen ab einem Alter von ca. vier Wochen diese zumindest zeitweise und verstecken sich tagsüber in der unmittelbaren Umgebung der Nische. Anfangs sind dies nur wenige Meter. Bis zum Flüggewerden im Alter von ca. zehn Wochen sind dies dann meist weniger als 50 bis 100 m. Jungvögel von Bodenbruten an steilen Hängen, wie sie in den Tälern der dealpinen Flussläufe üblich sind, wandern mit der Zeit gerne an die Hangoberkanten hinauf. Dort haben sie bei Gefahr die Möglichkeit, sich in noch nicht ganz flüggem Zustand in die Tiefe zu stürzen und dann im Gleitflug in einer Krone eines weiter unten stehenden Baumes zu landen. Einmal in den Baumkronen angekommen, sind die Jungvögel vor möglicher Prädation geschützt. Jungvögel in Felsennischen oder in Steinbrüchen müssen, je nach Strukturierung und Wandermöglichkeit im Felsen, mitunter bis zum Flüggewerden in der Brutnische bleiben.

Bruterfolg

Wie bereits erwähnt, können Uhus sehr alt werden. Da sie sehr standorttreu sind, können sie zur Balzzeit viele Jahre lang, teilweise über Jahrzehnte nachgewiesen werden. Zu einer Einschätzung der Vitalität einer Uhu-Population reicht der Nachweis der Revierpaare folglich nicht aus. Hierfür wäre es notwendig, den Bruterfolg auf der einen Seite und die Mortalität auf der anderen Seite zu messen und beide Parameter zu vergleichen. Sind beide Kenngrößen gleich groß, kann man von einer stabilen Population sprechen. Gibt es mehr Nachwuchs als Todesfälle, nimmt die Population zu, umgekehrt nimmt sie ab. Die Mortalität zu messen, ist nahezu unmöglich. Hierzu müssten alle Vögel einer Population mit Sendern ausgestattet und bis zu ihrem Tod dauerhaft verfolgt werden. Der Bruterfolg lässt sich, mit einem gewissen Aufwand, hingegen gut messen. Ein relevanter Zuzug von Uhus aus benachbarten Verbreitungsgebieten erscheint nicht plausibel. Erwachsene Tiere sind wie erwähnt sehr standorttreu. Naheliegende Gebiete mit sehr hohem Bruterfolg für eine verstärkte Zuwanderung von Jungvögeln sind nicht bekannt.

In Kapitel „Brutbestand und Bestandsentwicklung“ konnte dargestellt werden, dass der Bestand des Uhus seit den 1960er Jahren zunimmt. Wann diese Bestandszunahmen tatsächlich begonnen haben, ist nicht bekannt, da bereits vermutlich vorhandene Reviere durch das zunehmende Interesse am Uhu und ein gezieltes, systematisches Erfassen erst entdeckt wurden. Dies ist vor allem ab 2001 mit dem Start des landesweiten AHP der Fall. Auf jeden Fall kann man davon ausgehen, dass der Bruterfolg des Uhus in Bayern höher als die Mortalität sein muss. Betrachtet man alle im Rahmen des AHP in Bayern von 2001–2024 systematisch erhobenen Daten, ergeben sich für den Bruterfolg folgende Werte:

- **0,68 flügge Jungvögel pro besetztem Revier und Jahr (n = 4.293 besetzte Reviere)**
- **0,96 flügge Jungvögel pro Revierpaar und Jahr (n = 2.945 Revierpaare)**
- **1,74 flügge Jungvögel pro Brutpaar und Jahr (n = 1.666 Brutpaare)**[38]

Dieses Ergebnis aus 23 Jahren systematischer Uhu-Erfassung umfasst ca. zwei Uhu-Generationen. Es kann daher davon ausgegangen werden, dass die ermittelten Werte für den langfristigen Erhalt der bayerischen Uhu-Population ausreichend sind.

In diesen 23 Jahren konnte alle 2,6 Jahre ein Bruterfolg in einem besetzten Revier und alle 1,8 Jahre ein Bruterfolg bei einem Revierpaar nachgewiesen werden. Die Brutplätze der beiden erfolgreichsten dokumentierten bayerischen Revierpaare liegen für diesen Zeitraum in Unterfranken, dort konnten 42 bzw. 40 flügge Jungen nachgewiesen werden. Betrachtet man den gesamten Zeitraum von 1954–2024, für den Uhu-Nachweise in der ausgewerteten Datenbank vorliegen, so befindet sich das erfolgreichste bayerische Uhu-Revierpaar an der Isar. In diesem seit 1983 bekannten Revier wurden in 42 Jahren insgesamt 66 Jungvögel flügge. Das entspricht einem durchschnittlichen Bruterfolg von 1,57 Jungvögeln pro Revierpaar und Jahr. Das bayerische Top-1-Uhu-Revierpaar!

Für die nachfolgende Abb. 63 wurden die Daten aller bayerischen Revierpaare (ohne Berücksichtigung von Einzelvögeln) aus dem Zeitraum 1991–2024, von 34 Jahren, ausgewertet. Dies entspricht dem gewöhnlichen Zeitraum der Diagramme zu den Schwerpunktgebieten in Kapitel „Brutbestand und Bestandsentwicklung“. Von insgesamt 1.310 Revierpaaren konnte in diesem Zeitraum bei 651 Revierpaaren (50 %) mindestens einmal ein Bruterfolg festgestellt werden. Bei 659 Revier-

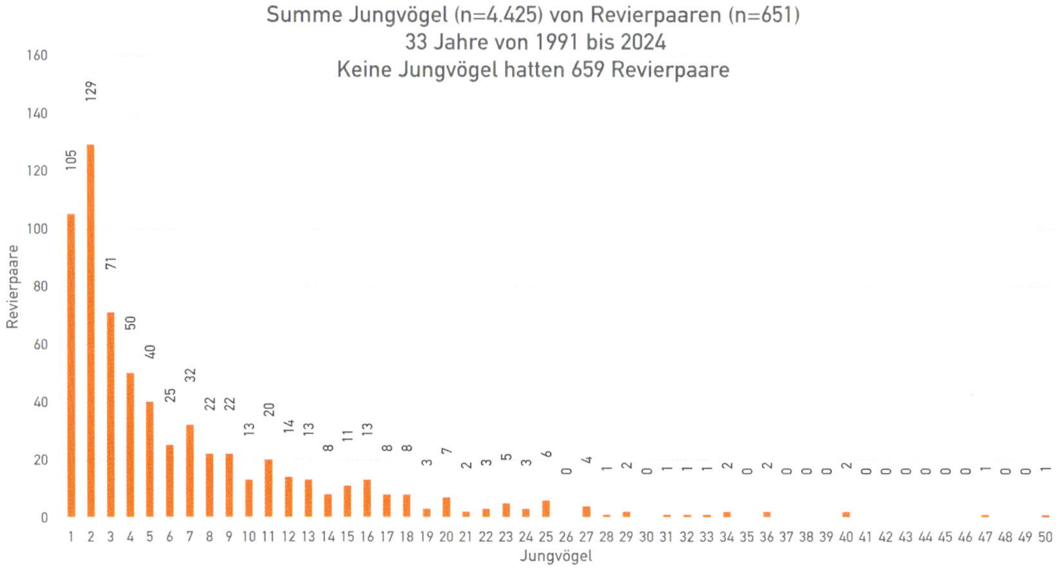

Abb. 63: Summe der Jungvögel aller bayerischen Revierpaare im Zeitraum 1991–2024[38]

paaren (50 %) konnte kein einziger Bruterfolg dokumentiert werden. Revierpaare mit einem guten Bruterfolg sind selten. Nur bei zehn Revierpaaren, bei nicht einmal 1 % aller Revierpaare, wurden jeweils mindestens 32 Jungvögel in 33 Jahren erfasst und wurde somit der oben genannte Bruterfolg von 0,96 Jungvögeln pro Revierpaar erreicht. Zehn Revierpaare mit sehr gutem Bruterfolg leisten folglich einen großen Beitrag zur Stabilität der bayerischen Uhu-Population.

Zu berücksichtigen ist bei dieser Auswertung, dass es sich bei der Angabe der Jungenanzahl um Mindestwerte handelt. Bei der sehr großen Anzahl an Uhu-Revieren in Bayern muss man – selbst bei einer systematischen Erfassung – von einer gewissen unterschiedlichen Genauigkeit der einzelnen Beobachtungen ausgehen. Es gibt auch grundlegende Unterschiede in der Methodik der Ermittlung des Bruterfolgs. Es gibt Gebiete, in denen die Anzahl flügger Jungvögel zumeist im Sommer (Juni–Juli) durch das Verhören der Bettelrufe ermittelt wird. In Gebieten, in denen Uhu-Jungvögel im Rahmen von wissenschaftlichen Projekten beringt werden, wird die Anzahl der Jungen dagegen meist im beringungsfähigen Alter von ca. vier Wochen, also bereits im Frühjahr (April–Mai) ermittelt. Es ist selbsterklärend, dass die Anzahl der Jungvögel bei der Beringung im Frühjahr deutlich höher liegen muss als beim Verhören im Sommer. Zwischen Beringung und Flüggewerden der Jungen liegen ca. sechs Wochen, in denen es Verluste durch Prädation, Nahrungsmangel und Witterung gibt. Zudem liefert das Verhören der Jungen sicherlich ungenauere Zahlen als die Beringung. Auch sind die Uhu-Reviere aufgrund topographischer Bedingungen unterschiedlich gut erfassbar, die Brutplätze teilweise nicht einsehbar. Die Auswertung soll daher bestenfalls eine ungefähre Größenordnung wiedergeben und nicht ein exaktes Bild des Bruterfolgs.

Am Lech ergibt sich ein etwas anderes Bild als im gesamten Freistaat Bayern (Abb. 64). Im Zeitraum von 17 Jahren wurden bei 148 dokumentierten Bruten insgesamt 217 flügge Jungvögel erfasst, das sind 1,47 Jungvögel pro Brutpaar. Der oben genannte für Bayern geltende Wert von 1,74 (S. 71) wird in diesem Gebiet nicht erreicht. Der höchste Bruterfolg konnte am Lech in einem Uhu-Revier mit 2,67

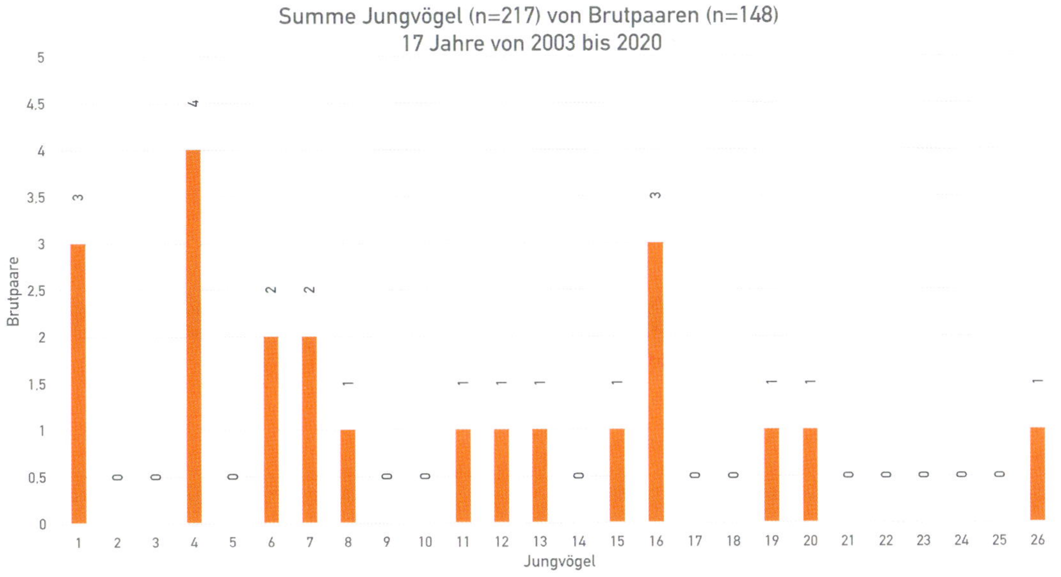

Abb. 64: Summe der Jungvögel von Uhu-Bruten am Lech 2003–2020

Jungvögeln pro Brutpaar gemessen werden – allerdings nur bei 3 Bruten mit 8 flüggen Jungen in 17 Jahren. Den zweitbesten Bruterfolg erreichte ein Uhu-Paar mit 12 Bruten und 26 flüggen Jungen, das sind 2,17 Jungen pro Brutpaar. Mit 13 dokumentierten Bruten in 17 Jahren konnte der höchste Wert dokumentiert werden. In 3 Revieren wurden die meisten Jungvögel mit 19, 20 und 26 flüggen Jungen registriert.

In 7 Revieren (30 % von 23 Revieren) wurden 128 Jungvögel flügge (59 % von 217 Jungvögeln) von 91 Bruten (61 % von 148 Bruten). In nur 30 % der Uhu-Reviere konnten folglich etwas über 60 % der Bruten und fast 60 % der Jungvögel dokumentiert werden.

Bei 46 maximal möglichen Revieren wurden am mittleren Lech bei der Hälfte (23) Bruten festgestellt. Davon sind 7 Reviere die Top-Produzenten der flüggen Jungvögel. Daraus lässt sich schlussfolgern, dass nur 7 Uhu-Reviere optimale Lebensbedingungen haben. Bei 16 Uhu-Revieren lassen sich diese als suboptimal einschätzen. 23 Reviere haben demzufolge pessimale Lebensbedingungen oder sind nicht besetzte, potenzielle Reviere.

Abb. 65: Jungvögel in unterschiedlichem Alter. Von links oben nach rechts unten (in Tagen): 2, 3, 5 und 8, 11, 12, 12 und 15 und 18, 19, 22, 25, 30 und 33, 34, 36 und 39, 44, 47, 49, 50, 55, 56, 58, 66 Tage. Die Fotos sind teilweise meiner Veröffentlichung von 2010 entnommen.[39]

NAHRUNG

Der Uhu wird in der Fachliteratur als Nahrungsgeneralist beschrieben.[30,56,52,29] Demzufolge ist er nicht auf wenige oder bestimmte Beutetierarten spezialisiert. Er erbeutet, angepasst an seinen Lebensraum, was sich ihm am häufigsten anbietet und mit möglichst geringem Aufwand jagen lässt. Hierbei spielen sowohl die Nahrungsverfügbarkeit als auch die Nahrungserreichbarkeit im jeweiligen Gebiet eine wichtige Rolle.

Für Deutschland listet Görner 53 Säugetierarten und 164 Vogelarten für den Zeitraum 1910–2021 als Uhu-Nahrung auf. Hinzu kommen wenige Amphibien-, Reptilien-, Fisch-, Krabben- und Insektenarten.[30] Es ist mit 169.116 Beutetieren, davon 93.847 Säugern und 74.281 Vögeln, aktuell sicherlich die umfangreichste Zusammenstellung der Uhu-Nahrung. Bei den Säugetierarten wurden in Deutschland am meisten die Feldmaus (45.188 Individuen), der Igel (10.766) und die Wanderratte (9.306) als Beute nachgewiesen. Bei den Vogelarten die Raben-/Nebelkrähe (10.740), gefolgt von Straßen-/Haus-/Felsen-/Brieftaube (4.594) und Ringeltaube (3.876). Auch Waldohreule (2.462), Mäusebussard (2.038) und Blässhuhn (1.690) wird in größerem Umfang als Beute festgestellt.

Für Baden-Württemberg listet Rockenbauch für den Zeitraum 1973–2014 insgesamt 34 Säugetierarten, 81 Vogelarten sowie wenige Amphibien-, Reptilien-, Fisch- und Insektenarten auf, mit 7.381 Individuen.[52] Bei den Säugern sind die Feldmaus (2.116 Individuen), Wühlmäuse (Arten unbestimmt, 1.475), der Igel (754), die Wanderratte (339) und die Schermaus (193) am häufigsten vertreten. Bei den Vogelarten sind dies die Rabenkrähe (322), die Waldohreule (202), der Waldkauz (191), die Haustaube (177), das Blässhuhn (169) und der Mäusebussard (126).

Für Bayern wurden 31 Säugetierarten und 88 Vogelarten sowie wenige Amphibien-, Reptilien- und Fischarten aus Aufsammlungen im Zeitraum 1976–2008 von Schweiger und Lipp nachgewiesen, mit insgesamt 5.918 Individuen.[56] Die Beutetier-Nachweise stammen aus drei Probegebieten: dem mittleren Lech, dem Werdenfelser Land und dem Südlichen Frankenjura. Sie decken somit drei unterschiedliche Lebensräume des Uhus in Bayern ab. Bei den Säugetierarten wurden die Feldmaus (1.616 Individuen), die Schermaus (614), die Wanderratte (439) und der Igel (341) als häufigste Beute nachgewiesen. Bei den Vogelarten sind dies das Blässhuhn (172 Individuen), die Rabenkrähe (151), die Waldohreule (132) und der Mäusebussard (123). Wertet man bei dieser Arbeit nicht die Anzahl der Individuen, sondern die durchschnittliche Beutetiermasse aus und berücksichtigt nicht den Gewichtsanteil von den nicht verwertbaren Nahrungsbestandteilen wie Knochen, Federkleid, Fell, Igelhaut, so ergibt es ein etwas anderes Bild: Bei den Säugetierarten hätten der Igel (341 Individuen à 825 g = 281 kg) und die Wanderratte (439 Individuen à 425 g = 187 kg) die größte Beutetiermasse. Bei den Vogelarten wären dies das Blässhuhn (172 Individuen à 765 g = 132 kg) und der Mäusebussard (123 Individuen à 992 g = 122 kg).

So weit, so gut. Der Uhu hat also keine Probleme, an Nahrung zu kommen, er ist Generalist. Und die oben angeführten Beutetiere findet er eigentlich überall. Warum brüten so viele Uhu-Paare dann überhaupt nicht oder nur alle drei bis fünf Jahre? Bei genauerer Betrachtung stellt sich die Nahrungssituation häufig ein wenig differenzierter dar.

Das Aufsammeln von Beutetierresten, insbesondere von Gewöllen, ist einfach durchzuführen und eine beliebte Aktivität von unterschiedlichsten Akteuren, wie z. B. Hobby-Ornithologen, Wissenschaftlern oder Biologie-Lehrkräften. Die meisten Beutetieranalysen stammen aus Aufsammlungen zur Brut- und Jungenaufzuchtzeit an den Brutplätzen. Sie decken folglich im gesamten Jahresablauf nur

Abb. 66: Bevorzugte Vogel-Beute des Uhus (von links oben nach rechts unten): Mäusebussard, Rabenkrähe mit Blässhuhn und Waldkauz, Rabenkrähe, Waldkauz, Turmfalke, Teichhuhn mit Blässhuhn

einen Teil der Nahrung des Uhus ab. Herbst und Winter sind der wichtigste Zeitraum für den Uhu, um eine hohe individuelle Fitness zu erlangen – die Grundlage für einen guten Bruterfolg ist –, bleiben aber in den Untersuchungen von Gewöllen meist unterrepräsentiert. In diesem Zeitabschnitt kann die Beute überall im gesamten Uhu-Revier geschlagen, gerupft und verzehrt werden – in einem Radius von bis zu 10 km um den Brutplatz herum. Kaum ein Mensch würde auf die Idee kommen, Beutetierreste und Gewölle in diesem Umkreis zu suchen und einem konkreten Uhu-Revier sicher zuzuordnen. An der Brutnische und in unmittelbarem Umfeld sind Federn erbeuteter Vögel leicht zu finden und zu bestimmen. Genauso verhält es sich mit den auffallend großen Gewöllen des Uhus. In den Gewöllen sind besonders leicht viele Schädelteile von Mäusen zu finden, mit denen sich die Arten genau bestimmen lassen. Daher war die Analyse von Schleiereulengewöllen auch das wichtigste

Instrument zur Erstellung des Mäuse- und Spitzmäuse-Atlasses für Bayern.[36]

Das Uhu-Männchen versorgt während der Brut- und Aufzuchtzeit das Weibchen und die Jungen mit Nahrung. Das Weibchen bleibt ca. neun Wochen in der Brutnische, ohne zu jagen – je nach Größe des Geleges fünf Wochen brütend und ca. weitere vier Wochen zum Hudern, Füttern und Beschützen der Jungen. Erst anschließend beteiligt sich das Weibchen immer wieder auch am Beuteerwerb. Das im Vergleich mit dem Weibchen deutlich schwächere Männchen (vgl. Kap. Aussehen) ist auf Beutetiergrößen angewiesen, die es erfolgreich greifen kann. 50–2.000 g werden in der Literatur als bevorzugtes Gewicht von Beutetieren des Uhus angegeben.[30] Halbwüchsige Jungfüchse mit 3.000 g, Katzen mit 3.200 g und ausge-

Abb. 67 und Abb. 68: Uhu-Gewölle sind aufgrund ihrer Größe unverwechselbar und beinhalten umfangreiche Informationen zu den Beutetieren.

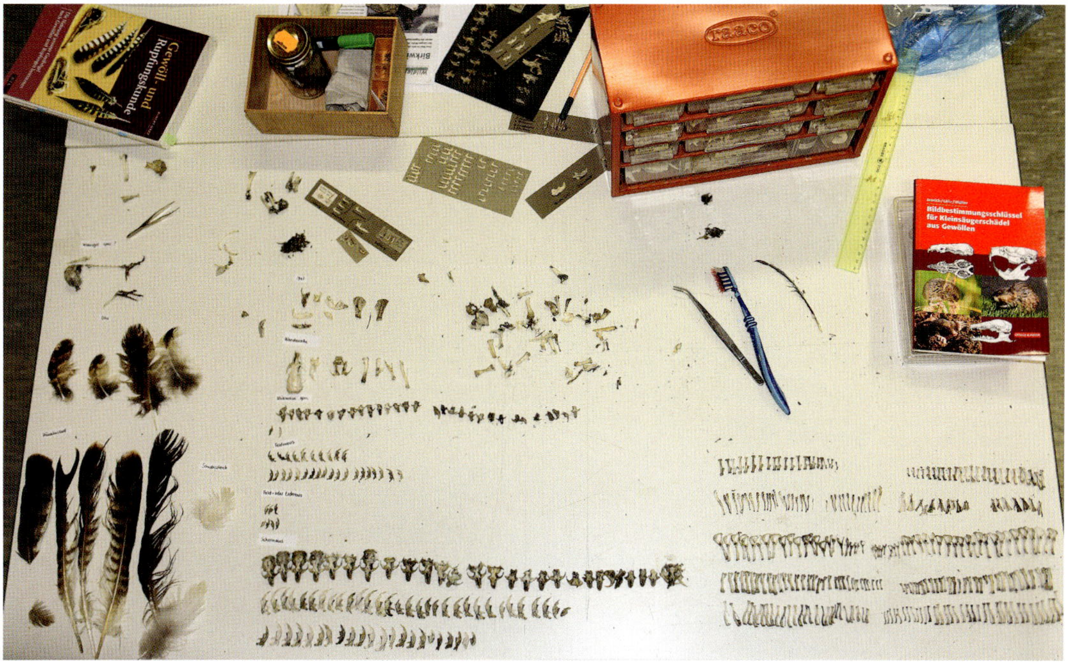

Abb. 69: Für die Analyse von Nahrungsresten – insbesondere von Gewöllen – ist viel Feinarbeit, Geduld und Wissen notwendig.

wachsene Feldhasen mit 4.750 g gehören daher nicht zur Beute. Zu schwer ist diese potenzielle Beute, zu gefährlich ist es für den Uhu, sich beim Zugriff zu verletzen, und zu anstrengend für ihn der Transport zum Fressplatz oder zur Brutnische. Bei den relativ wenigen Nachweisen solch schwerer Beute kann zudem vermutet werden, dass es sich um Unfallopfer an Straßen, um verletzte oder um kranke Tiere handelte. Auch bei einer sehr beliebten Beute, dem Igel, ist davon auszugehen, dass der Uhu ihn mitunter als Straßenopfer einsammelt. Der Igel ist für den Uhu aber auch eine vorteilhafte Beute, da er nicht davonrennt oder davonfliegen kann. Er rollt sich bei Gefahr ein und zeigt seine Stacheln und genau die sind für die Krallen des Uhus kein Hindernis (s. Abb. 6 und 7). Beim Männchen dürfte das bevorzugte Gewicht der Beute daher eher im unteren Bereich der genannten Spanne liegen. Mäusebussard (1.000 g), Igel (825 g), Blässhuhn (765 g), Rabenkrähe (540 g), Waldkauz (520 g), Ringeltaube (500 g), Wanderratte (425 g), Turmfalke (200 g) und Schermaus (65 g) haben für den Uhu ein ideales Gewicht. Sie alle sind Beutetiere mit einem für den Uhu günstigen Aufwand-Nutzen-Verhältnis, die deshalb zu seiner bevorzugten Beute gehören. Dort, wo es größere Vorkommen des Wildkaninchens gibt, gehört diese Nagetierart zur bevorzugten Beute. Erwachsene Tiere mit einem Körpergewicht von 1,3–3 kg gehören zur obersten Gewichtsklasse der Beutetiere, die ein Uhu noch überwältigen kann. Beste Beute sind die Jungkaninchen, die mit einem Gewicht von 150–200 g im Alter von 3–4 Wochen ihren Erdbau verlassen. Am Lech konnte ich außerdem immer wieder Jungfüchse im Alter von 3–4 Wochen als Beute beobachten. In diesem Alter kommen die noch unerfahrenen Füchse die ersten Male aus dem Bau und haben dann ein Gewicht von 700–800 g. Um jeden Brutplatz des Uhus gibt es dort im Umkreis von maximal 500 m einen bewohnten Fuchsbau. Mitunter waren es sogar nur 50 m! Insofern war es nicht verwunderlich, dass immer wieder solche Füchse als Beutedepot in der Uhu-Nische lagen. In einem Fall waren es sogar vier Jungfüchse, vermutlich das

Nahrungsdepots in der Brutnische deuten auf eine gute Nahrungsversorgung und auf eine gute Fitness des Männchens als Nahrungslieferant hin.

Abb. 70: 7-tägiger Jungvogel mit vier Jungfüchsen

Abb. 71: Im Schlupf befindlicher und 1- und 4-tägiger Jungvogel mit 16 Wühlmäusen

Abb. 72: 10-tägiger Jungvogel mit elf Wanderratten

gesamte Geheck der Fuchsfähe (s. Abb. 70). Beutedepots in besetzten Uhu-Nischen sind immer wieder zu beobachten. Sie sind nach meiner Einschätzung der sichere Beleg für eine gute Nahrungsversorgung im Uhu-Revier und für eine gute Fitness des Uhu-Männchens als Nahrungslieferant (s. Abb. 71 und 72).

Für das Weibchen zur Brutzeit und für die Jungen bis zum Alter von vier Wochen ist Nahrung angesagt, die (vor allem für das Stillen des ersten abendlichen Hungers) schnell zu erbeuten und einfach zu fressen ist. Wühlmäuse, allen voran die Feldmaus und die Schermaus, sind in dieser Fortpflanzungsphase mitunter die wichtigste Beute.[56] Sie lassen sich vom Uhu ohne Zerteilungs- oder Rupfaufwand schnell und problemlos in einem Stück schlucken – sowohl vom Weibchen als auch von den schon etwas größeren Jungen. Landwirtschaftlich genutzte Flächen, vor allem Wiesen in strukturreicher Landschaft mit einem guten Mäuseangebot, sind daher in der näheren Umgebung des Brutplatzes besonders wichtig. Werden die Jungvögel älter und ihr Hunger größer, muss auch die Beute größer werden. Dies gilt umso mehr, wenn mehrere hungrige Schnäbel gleichzeitig zu versorgen sind. In dieser Phase (April–Juli) brüten die oben genannten Vogelarten an den am Brutplatz angrenzenden Hängen als beliebte Uhu-Beute und haben ihren Nachwuchs. Tagaktive Vögel haben nachts gegenüber dem jagenden Uhu keine Chance. Sowohl brütende Altvögel als auch noch nicht flügge Jungvögel werden in ihren Nestern im Schlaf geschlagen. Rabenkrähe, Mäusebussard, Ringeltaube, Turmfalke und Eichelhäher sind in dieser Zeit einfache und begehrte Beute. Verwunderlich ist, dass nachtaktive Eulenarten häufig Uhu-Beute werden, insbesondere der Waldkauz und die Waldohreule. Beim sehr wehrhaften Waldkauz, der zudem überwiegender Höhlenbrüter ist, verwundert dies besonders. Ein Grund hierfür könnte sein, dass der Uhu diese beiden Eulenarten bei ihrer Balz im Januar–März „überrumpelt“. Sehr häufig habe ich Waldkäuze mit ihren sehr lauten Balzrufen in unmittelbarer Nachbarschaft zum Uhu-Brutplatz gehört. Häufig hat der Waldkauz dann gerufen, wenn zeitgleich der Uhu gebalzt hat. Waldkauz-Männchen vergessen in der Balzzeit alles um sich herum, auch die Vorsicht.

Der Ruf vom Waldkauz lässt sich gut nachahmen, indem man mit bloßen Händen einen Hohlraum formt und Luft zwischen beiden eng aneinander gepressten Daumen hindurchbläst. In meiner Jugend habe ich einmal diese Technik genutzt, um ein balzendes Waldkauz-Männchen 1 km aus seinem Wald entlang einer Straßen-Baumallee herauszulocken. Am Schluss saß er in einer Linde 15 m direkt über mir, hat pausenlos auf meine Rufe geantwortet und sich in seiner Stimme mehr und mehr überschlagen, bis er schließlich kaum noch einen klaren Ton herausbrachte. Damals hatte ich viel Spaß dabei und war davon begeistert, dass der Vogel in der Balzzeit so intensiv auf mich reagiert hatte. Heute weiß ich, dass das gemein von mir war und man das eigentlich nicht machen sollte. Der Vogel wurde von mir in seiner Balz gestört und hat dabei viel Energie verbraucht. Er machte sich Hoffnungen, an meiner Stelle ein paarungsbereites Weibchen vorzufinden, und wurde am Ende unnötigerweise bitter enttäuscht.

Für eine gute Nahrungssituation in einem Uhu-Revier ist deshalb mehr notwendig als „nur“ eine Menge Mäuse. Am Beispiel des mittleren Lechs lässt sich die besonders gute Nahrungsversorgung der dortigen Uhu-Paare gut darstellen:

Von November bis Februar sorgt die erfolgreiche Jagd auf die großen Ansammlungen von Blässhühnern an den vielen Stauseen für eine gute Fitness der Uhus.

Von Februar bis Mai gibt es reichlich Beute in Form von Wühlmäusen auf den angrenzenden Wiesen der Lech-Hochterrassen und in Form von Wanderratten in den Uferbereichen des Lechs.

Von Mai bis Juli sorgen die brütenden und Jungvögel aufziehenden Großvögel, wie zum Beispiel Rabenkrähe, Mäusebussard, Ringeltaube und Waldkauz, in den steilen Lechhängen für ausreichend Nahrung der immer hungriger werdenden Jung-Uhus.

Abb. 73: Plätze mit Igelbälgen sind ein sicheres Zeichen für die Anwesenheit eines Uhus.

Abb. 74: Igel sind begehrte Beute des Uhus.

Von Juli bis September steht das gesamte vielfältige Nahrungsangebot von den Wasserflächen in den Stauseen bis zu den Wiesen der Lech-Hochterrassen für die Ernährung der Alt- und Jung-Uhus zur Verfügung.

Das alles ist meist innerhalb weniger hundert Meter erreichbar. Vielerorts sind das nahrungsreiche Ufer des Lechs und dessen Wasserflächen sogar keine 50 m von der Brutnische des Uhus entfernt. Genauso sollte man sich ein gutes Nahrungsangebot und eine gute Nahrungsverfügbarkeit für ein erfolgreiches Brüten des Uhus vorstellen.

Eine gute Nahrungsverfügbarkeit und Nahrungserreichbarkeit im gesamten Jahresablauf sind folglich eine entscheidende Voraussetzung, dass ein Uhu mit der Brut beginnt und – im Idealfall – ausreichend Bruterfolg hat.

20 Löwen am Uhu-Brutplatz

Was machen 20 Löwen in Bayern an einem Uhu-Brutplatz? Ich gebe zu, die Löwen, die ich am 02.08.2011 bei der Kontrolle einer Uhu-Brutnische beobachtet habe, waren klein – sogar sehr klein. Um ganz genau zu sein, waren sie ca. 1,5 cm groß. Sie hatten direkt an der Brutnische im Sandboden Trichter gebaut. Am Trichtergrund warteten sie darauf, dass potenzielle Beutetiere, meist Ameisen oder andere kleine Insekten, an den glatten Trichterhängen hinunterrutschen, die sie dann mit ihren kräftigen Zangen erbeuten. Es sind Ameisenlöwen, die Larven der Gemeinen Ameisenjungfer *Myrmeleon fomricarius*, einem großen libellenähnlichen Insekt. Sie lieben am Lech die gleichen Lebensräume wie der Uhu – sonnenbeschienene, sandige, steile Hänge. Man kann von einer Win-win-Situation sprechen. Der Uhu produziert in der Brutnische mit seinen Gewöllen am Boden eine Mulmschicht. Diese und die vorhandenen Nahrungsreste ziehen eine Vielzahl an Insektenarten an, die wiederum willkommene Beute des Ameisenlöwen werden. Dadurch hält sich dann wieder die „Belästigung“, insbesondere der kleinen Jung-Uhus, durch die Krabbeltiere in erträglichen Grenzen.

Abb. 75: Ein Ameisenlöwe hat in der Uhu-Brutnische eine Ameise erbeutet.

Abb. 76: Ein Foto aus Mecklenburg-Vorpommern: Auf einer Fläche von ca. 20 m² habe ich am 19.04.2025 insgesamt 1.100 Trichter des Ameisenlöwen gezählt, eine rekordverdächtige Größe dieser Population des bemerkenswerten Insekts.

UHU UND MENSCH

Mythologie

„So, when the night falls, and dogs do howl,
Sing, Ho! for the reign of the Horned Owl!
We know not always
Who are kings by day,
But the King of the night is the bold brown Owl!“[19]
Wenn die Nacht hereinbricht und Hunde heulen,
Singt, Ho! Der Herrschaft des Uhus!
Wir wissen nicht immer
Wer die Könige bei Tage sind,
Doch der König der Nacht ist die mutige, braune Eule.

Mit „Horned Owl“ könnte in diesem Gedicht des englischen Dichters Bryan Procter die *Great Horned Owl*, also der Virginia-Uhu, gemeint sein. Als „brown owl“ wird im Englischen für gewöhnlich der Waldkauz bezeichnet. Es könnte aber auch einfach die braune Farbe des Gefieders verschiedener Eulenarten gemeint sein, z. B. auch des Uhus. Die Großschreibung von „Horned Owl“ lässt vermuten, dass damit die Art bezeichnet wird, während sich das klein geschriebene „brown" dieser Deutung nach lediglich auf die Farbe des Federkleids beziehen würde.

Die Nachtgestalten im kulturellen Gedächtnis

Die Dunkelheit und alle, die sich in ihr bewegen, sind für den Menschen seit jeher Gegenstand von Ängsten und Faszination. In vielen Kulturen wurde dabei insbesondere ein Tier Projektionsfläche für allerlei Vorstellungen, die mit der Wirklichkeit meist wenig zu tun haben: die Eule.

Wenn in Mythen, Sagen und literarischen Texten von einer Eule die Rede ist, bleibt die genaue Art in den allermeisten Fällen unbestimmt. Nur selten lässt sich, wie im Fall des Steinkauzes der Athene, die genaue Eulenart identifizieren. Der Uhu wird selten explizit genannt. Deshalb gilt vieles von dem, was im Folgenden beschrieben wird, für die symbolische Bedeutung der Eulen im Allgemeinen – mit einzelnen Hinweisen auf den Uhu.

Außerdem richtet sich der Blick hier bewusst über den regionalen Rahmen Bayerns hinaus auf die Rolle des Uhus und der Eulen in den Mythen verschiedener Kulturen weltweit. Denn zum einen ist es schwer, zur spezifischen Rolle des Uhus im bayerischen Volksglauben eigenständige Überlieferungen zu finden. Zum anderen bewegen sich die Vorstellungen über Eulen in Bayern nicht in grundsätzlich anderen Bahnen als andernorts. Sie sind Teil eines größeren kulturellen Musters. Entsprechend wird der Horizont ausgeweitet: von der griechischen Antike, in der die Eule mit Weisheit gleichgesetzt wurde, bis hin zu Überlieferungen aus anderen Teilen der Welt.

Unter Mythologie versteht man einerseits die „Gesamtheit der mythischen Überlieferungen, der Mythen, Sagen, Dichtungen aus der Vorzeit eines Volkes“[22], anderseits die „wissenschaftliche Erforschung, Darstellung der Mythologie“[22]. Das Wort stammt aus dem Griechischen, von μῦθος mythos „Erzählung, Rede" und μυθολογία mythología ursprünglich: „Sagengeschichte“, was zusammengesetzt so viel bedeutet wie „das Erzählen von Götter- und Sagengeschichten“[22].

Eulen-Symbolik und ihre Gegensätze …

Eulen wurden im Wandel der Zeit und in unterschiedlichen Kulturen mit verschiedenen symbolischen Bedeutungen in Verbindung gebracht. Der Zoologe und Publizist Desmond Morris fasst die wichtigsten kulturellen Zuschreibungen in fünf Typen zusammen: Die Eule als Bösartige, Starrsinnige, Weise, als Reittier und als Beschützerin.[48] In der langen Geschichte der Menschheit nahmen Eulen zwar mehr als diese fünf symbolischen Bedeutungen an. Sie sind jedoch eine hilfreiche Zusammenfassung der großen Eulen-Mythen. Ein mögliches sechstes Muster ist das der Eule als komischem, kauzigem „Spaßvogel“. Über die symbolischen Bedeutungen in der Literaturgeschichte heißt es in dem Buch „Eulen. Vögel der Nacht in Kunst und Natur“: „Oft erscheint die Eule (in Parabeln, Fabeln und Allegorien) als Spaßvogel, als heimtückisch, oder eben als weise“[41]. Die Eule spielt in der Mythologie also eine ambivalente Rolle. Die Bedeutungen, die ihr zugeschrieben werden, reichen von Weisheit bis Unheil, von Leben bis Tod. Und doch beziehen sich je beide Pole dieser Symbolik auf Vögel ein und derselben Ordnung. Wie kommt es, dass die Eule so widersprüchlich erscheint?

Gibt es tatsächlich Eulen, die dem Menschen gegenüber feindlich gesinnt sind oder ihn beschützen? Was sagen uns diese Vorstellungen über den Menschen und seine Beziehung zur Natur und ihren Lebewesen – und was über die Eulenarten selbst? Zum Beispiel die Vorstellung, dass der Uhu mit seiner Erscheinung oder seinem Ruf als böses Omen einen nahenden Tod oder ein anderes Unglück ankündigt: Ihr Ursprung ist wohl die menschliche Angst vor der Nacht und der Dunkelheit. Tod und das Ungewisse werden in der menschlichen Vorstellung durch den „König der Nacht“ verkörpert.

Nicht zuletzt wird die Eule jedoch auch als Glücksbringerin angesehen. Das Symbol der Eule, die Glück bringt, geht zurück auf die griechische und römische Antike. Schon damals verkündete eine Eule den Sieg eines Kriegsheeres. Die Autorin Getrud Benker schreibt in ihrem Buch „Eule und Mensch. Die Nachtgeister und ihre Symbolik“, dass Eulen in verschiedenen Bereichen des Lebens Glück bringen sollten: „Die Idee der Eule als Glückszeichen hat sich über 2.000 Jahre in der Volksmeinung halten können: Glück soll es bringen, wenn sich die Eule in einen Taubenkobel flüchtet. Sie kann die glückliche Geburt eines Kindes voraussagen. Ihre Schlafliebe geht auf schreiende kleine Kinder über, wenn man Eulenfedern unter ihr Kopfkissen legt. In Pommern bindet man tote Eulen auf den Rücken des Pferdes, um zu verhindern, dass das Tier krank oder verhext wird. In der Oberpfalz näht man Eulenfedern ins Brautkleid ein. Das Herz einer Eule bringt Glück im Spiel“[13].

Von der Todesbotin …

Doch Glück und Faszination sind schnell vergessen, wenn die Angst vor Dunkelheit und Nacht überwiegt. Das Bild der Eule ist in vielen Überlieferungen von einem düsteren Ton geprägt. Ihr nächtliches Jagen nach Beute, ihr geheimnisvoll lautloser Flug und die Seltenheit einer Sichtung machen sie zu einem Vogel, der Furcht einflößt. Ähnlich wie die Fledermaus oder die Kröte gilt sie in der Volksvorstellung lange als ein unheimliches Geschöpf, dessen Erscheinen Unruhe und Beklemmung hervorruft.[13]

Den Verdacht gegenüber Eulen als Boten des Unglücks bestärkt der römische Dichter Ovid, der in seinen Metamorphosen nach Cäsars Ermordung eine Eule erscheinen lässt.[13] Auch der römische Gelehrte Plinius ist sich sicher: „Der Uhu ist ein wahrer Unglücksvogel, namentlich für ganze Staaten von schlimmer Vorbedeutung. Sieht man ihn einmal in Städten oder überhaupt am Tage, so deutet sein Erscheinen auf ein furchtbares Unglück“[13]. Bei Hildegard von Bingen ist die Eule ebenfalls Todesbotin: „Sie weiß den Tod des Menschen voraus. Sie spürt, wo Trauer bevorsteht, und eilt wie ein Leichenvogel sogleich dorthin, flieht aber wieder, ehe die Trauer ausbricht“[13].

Grund für die weit verbreitete Angst und das Misstrauen gegenüber Eulen könnte der Umstand sein, dass die nachtaktiven Tiere häufiger zu hören als zu sehen sind. Der Ruf des Uhus ist wie bereits beschrieben ein dunkel, mitunter melancholisch klingender Laut, ein „U-hu!“ oder „Bu-hu!“ (vgl. Kap. Stimme). Dieser Ruf ist im Unterschied zum Gesang eines Singvogels kein vom Frühling kündigendes Lied. Gerade der Schrei der Eule wurde als böses Omen gedeutet.[48] Über den Klang der Eulen-Rufe kann man streiten. Unkenntnis und Aberglaube können dazu beitragen, dass sie sich gespenstisch anhören. Der Fantasie sind bekanntlich keine Grenzen gesetzt, und so gibt es zahlreiche Vergleiche der Eulen-Rufe mit weniger schön klingenden Geräuschen.[48,45] Es verwundert also nicht, dass nächtliche Eulenrufe Menschen verschrecken oder ängstigen. Doch gerade die Größten unter den Eulen, allen voran der Uhu, haben im Vergleich zu kleineren Käuzen weicher klingende Stimmen, die weniger wie ein Kreischen, Schreien oder Krächzen klingen.[48]

Der Mensch fürchtet das, was er nicht sieht oder nicht versteht. Diese Volksweisheit kommt bei dem Versuch in den Sinn, abergläubische Zuschreibungen zu verstehen. Uhus und andere Eulen wurden in der Vergangenheit ihr Opfer, teilweise sind sie das auch noch heute. Die Angst vor ihnen entsteht jedoch nicht aufgrund irgendeiner Eigenschaft ihres Wesens, sondern aus den Vorstellungen, die wir in sie hineinprojizieren. Mebs und Scherzinger kommen zu einem ähnlichen Schluss: „Wenn die Intensität abergläubischer Vorstellungen, die in die harmlosen Mäusefresser hineininterpretiert wurden, und die Heftigkeit der Abwehrmaßnahmen auch regional sehr verschieden ausfielen, so gilt doch für ganz Europa, dass ein Eulenschutz erst über eine naturkundliche Aufklärung greifen konnte“[40]. Sein mythischer Status hat dem eigentlich harmlosen Uhu womöglich geschadet. Vom Jäger wurde er zum Gejagten. Doch neben den Assoziationen mit Tod und Verderben gibt es ja auch noch die mit Weisheit und Erkenntnis.

... zur Weisheitsbringerin

Schauen wir uns also die kulturellen Wurzeln des Bildes der alten und weisen Eule an. Inwiefern lässt es sich wissenschaftlich mit tatsächlichen Eigenschaften der verschiedenen Eulenarten bestätigen? Der wohl wichtigste Faktor für die Assoziation von Eulen mit Weisheit ist laut unzähligen Quellen ihr menschenähnliches Aussehen.[71, 13] Das verwundert nicht, denn wie bereits beschrieben besitzen der Uhu und die meisten anderen Eulenarten ein rundliches „Gesicht“ mit großen, weit auseinanderliegenden und nach vorne gerichteten Augen (vgl. Kap. Aussehen). Kein Wunder also, dass manche Menschen in Eulen weise Gefährten sehen: Ihre großen, runden Augen, das aufmerksame Gesicht lassen sie menschlicher wirken als die meisten anderen Tiere. Ein weiteres Indiz dafür, dass die mythologische Bedeutung der Eule in erster Linie eine menschliche Zuschreibung und Projektion ist? Weil der Mensch sich selbst als Vernunftwesen versteht, soll auch die ähnlich aussehende Eule weise sein. Doch eigentlich gelten Eulen im direkten Vergleich mit anderen Tieren nicht als die mit der allgemein höchsten Intelligenz. Es sind wohl die Rabenvögel, die zu den intelligentesten Vögeln zählen.[61] Sie sind beispielsweise viel anpassungsfähiger als Eulen. Die Intelligenz von Eulen konzentriert sich spezifisch auf die für die nächtliche Jagd hilfreichen Fähigkeiten der Sinneswahrnehmung (vgl. Kapitel Kennzeichen).

Auch die Nachtaktivität des Uhus kann positiv ausgelegt werden. So besitzt er die Fähigkeit, in der Dunkelheit ruhig und still auf einem Ast dazusitzen. Ohne die Ablenkungen und den Trubel des helllichten Tages kann er also die Nacht zum Nachdenken nutzen.[48, 13]

Symbol der Weisheit: Von Athenes Begleiterin zur modernen Ikone

Ein Blick in die Antike zeigt: Die Eule galt bei weitem nicht immer als düsteres Omen. Die Literatur zur Mythologie der Eulen ist voll von Verweisen auf Athene, die griechische Göttin der Weisheit. Neben dem Olivenbaum, der Ägis (Schutzschild) sowie Speer und Helm (Athene ist auch die Göttin der Strategie und des Kampfes) gehört eine Eulen-Begleiterin zu Athenes Symbolen. Vor allem in der archaisch-klassischen Zeit Griechenlands (heute meist einfach „Antike“ genannt) überwiegen die Assoziationen der Eule mit Göttlichkeit, Macht, Weisheit, Beschützertum. Eulen wurden in dieser Zeitperiode meist als gutes Omen angesehen.[17] Das dürfte nicht zuletzt auf den Steinkauz von Athene zurückzuführen sein, dessen wissenschaftlicher Name *Athene noctua* („nächtliche Athene“) noch heute von der Verbindung zur griechischen Mythologie zeugt. Athene gab nicht nur ihrem Begleiter, dem Steinkauz, seinen Namen, sondern auch der Stadt Athen, deren Schutzgöttin sie war.

Abb. 77 und 78: Statue der Athene mit ihrer Eule, einem Steinkauz, im Park Sanssouci in Potsdam. Die originale Skulptur ist das Werk von François Gaspard Adam (*1710 † 1761), die Kopie wurde von dem Bildhauer und Steinrestaurator Peter Flade (*1943) im Jahr 2001 angefertigt.

Eulen als Symbol haben jedoch auch in Griechenland in unterschiedlichen geschichtlichen Zeitperioden je verschiedene Bedeutungen angenommen: Sie wurden als Symbol von Göttlichkeit, Weisheit, Wissen und Bildung, Macht, als Beschützerinnen der Seelen verstorbener Personen, als böses Omen des Todes, als gutes Omen für Erfolg, als gruselige Wesen und als einfache biologische Geschöpfe angesehen, die dekorative Gegenstände inspirieren.[17]

Die Symbolkraft der Eule ist also vielschichtiger als der bloße Aberglaube. Vor wenigen Jahren hat eine internationale Forschungsgruppe untersucht, wie sich die Symbolik der Eule seit der Antike in Griechenland in den letzten 5.000 Jahren verändert hat und welche Auswirkungen dies auf die soziale Bedeutung und den Schutz von Eulen hat.[17] Ihrer Analyse zufolge werden Eulen heutzutage größtenteils mit positiven Assoziationen in Verbindung gebracht. Es gibt aber immer noch Teile der griechischen Bevölkerung, in der sie als böses Omen gedeutet und teilweise noch immer getötet werden. Außerdem sei heute noch immer zu wenig bekannt, dass Beutegreifer wie Eulen eine wichtige Rolle für Ökosysteme erfüllen.[17] Menschliche Vorstellungen und Überzeugungen beeinflussen das Verhältnis zu Wildtieren, deshalb sollten auch soziale und kulturelle Aspekte der Interaktion zwischen Mensch und Natur berücksichtigt werden, wenn es darum geht, Schutzmaßnahmen für Arten zu entwickeln.[17]

In der Bronze- und in Minoischer Zeit überwiegte noch die Ansicht, dass Eulen einfach biologische Wesen sind, wie andere Tiere auch.[17] Während der mykenischen Periode war dann ein Wandel zu beobachten, infolgedessen Eulen immer mehr als überirdische Wesen angesehen und mit dem Jenseits in Verbindung

Abb. 79: „Eulen nach Athen tragen: Im Altertum trugen die Münzen der Stadt Athen auf der Rückseite das Abbild einer Eule und wurden daher auch „Eulen" genannt. Athen war eine reiche Stadt. Eulen nach Athen zu tragen war also ein Synonym für eine überflüssige Handlung. Auf der Rückseite der griechischen Euromünze findet man heute übrigens die gleiche antike Eulendarstellung wieder".[49]

gebracht wurden. Auf dem Höhepunkt der griechischen Zivilisation, in archaischer, klassischer und hellenistischer Periode, stieg die Eule dann auf und wurde zum Symbol von Macht, Weisheit und Göttlichkeit.[17] Diese Entwicklung deckte sich zeitlich mit den Werken Homers, des berühmten griechischen Dichters, in dessen Werken „Ilias" und „Odyssee" zahlreiche Tiere und auch Eulen vorkommen. Auch Philosophen und Geschichtsschreiber berichten in dieser Zeit von der Bedeutsamkeit von Eulen, die sich ebenfalls in bildlichen Kunstwerken wiederfindet. Die Symbolik des Steinkauzes der Athene hat es bis zur Darstellung auf Münzen geschafft, die aufgrund ihrer Prägung schlicht „Eulen" genannt wurden. So wurden Eulenvögel schließlich zum Symbol des Wohlstandes und Reichtums von Athen, der Hauptstadt des antiken Griechenlands.

Auch als bei den Römern später aus Athene die Göttin Minerva wurde, wurde ihre Eule als Symbol der Weisheit und Göttlichkeit übernommen: „Die Eule blieb [...] Symbol der Klugheit, der besonnenen Macht und der hohen Bildung. Davon wissen schon die Fabeln des Äsop (um 550 v. Chr.), die wiederum in die römische und mittelalterliche Literatur eingingen."[13]

Mittelalterliche Symbolik in Europa

Maßgeblich bestimmt der als „Physiologus" bezeichnete Text frühchristliche Vorstellungen der Natur, inklusive ihrer tierischen Bewohner. „Ein Geflecht von Einflüssen und Vorstellungen legte sich über Text und Bild: Frühchristliche Interpretation, Mirakelglaube und moralisierende Spekulationen traten zu den an sich schon wenig realistischen Beschreibungen von 55 Tieren hinzu. Der Mensch deutet das Kreatürliche einzig im Hinblick auf das Göttliche"[13]. Neben diesem Text spielten im Mittelalter noch immer die Einflüsse aus dem antiken Griechenland eine wichtige Rolle: „Die gesamte enzyklopädische Literatur des Mittelalters bezieht sich, soweit sie nicht vom Physiologus abhängig ist, auf antike Schriftsteller wie Aristoteles, Plinius und Ovid oder hält sich moralisierend an das Alte Testament."[13]

Besonders stark prägte jene Vorstellung mittelalterliches Denken insofern, dass alle Gegenstände und Lebewesen der Natur Zeichen für Inhalte des Geistigen seien. So erwähnt der Regensburger Domherr Konrad von Megenberg in seinem „Buch der Natur" verschiedene Auslegungen dessen, was Eulen bedeuten. Einerseits wird sachlich beschrieben, dass der Uhu bei der Jagd verwendet wird, Mäuse frisst und gerne in Kirchtürmen haust. Andererseits verdammte Megenberg ihn zum Sinnbild der Sünde: „Was die theologische Deutung anlagt, so schreibt Megenberg dem Uhu den Ruf der ‚öffentlichen Sünde' zu."[13] Trotz des Nutzens, den der Mensch aus dem Uhu bei der Jagd gewann, misstraute man ihm. Der Uhu „bedâut den sünder, der offenbâr sündet und pringt ander läut mit im ze sünden".[45]

Und auch Eulen allgemein werden in diesem Werk in einem eigenen Kapitel als böse beschrieben. Megenberg schließt aus der Nachtaktivität der Eule, dass sie das Licht hasse, und daraus wiederum, dass sie Übel bewirke: „die hazzent daz lieht [Licht] der wârhait, als unser herr spricht: wer übel würkt, der hazzet daz lieht."[45]

In der mittelalterlichen Symbolik und Mythologie wurden Eulen meist mit Hexen in Verbindung gebracht. Sie galten dabei als Wesen der Ödnis und des Verfalls. Ihr nächtliches Rufen ließ die Menschen einen nahenden Todesfall oder das Wirken finsterer Kräfte vermuten.[71] Das ist auch noch heutzutage in vielen Fernsehfilmen zu spüren: Sobald es spannend wird, die Dämmerung oder die Dunkelheit hereinbricht, es gespenstisch oder gruselig wird, ist der Ruf des Waldkauzes zu hören. Achten Sie beim nächsten Krimi mal darauf.

Neuzeit, Renaissance und Moderne

Nach dem Mittelalter gewann im 18. Jahrhundert zoologisches und biologisches Interesse an der Eule an Bedeutung. Die Quellen jener Zeit zeigen die Eule in detailreichen Beschreibungen und Illustrationen, die auf unmittelbare Erfahrung zurückgehen. Als der Aberglaube dann im 20. Jahrhundert verblasste, nahm die Eule erneut die Rolle als Sinnbild der Weisheit ein.[71]

Die Kunst der Renaissance löst sich zunehmend von mittelalterlichen Vorlagen und wendet sich der Eule mit naturkundlicher Neugier zu. Leonardo da Vinci erforscht Bewegungen von Pferden und Vögeln. Albrecht Dürer verleiht Gras, Hasenfell und den Krallen des Kauzes in seinen Zeichnungen eine fast anfassbare Präsenz. Beide Künstler legen eine neue Genauigkeit an den Tag, sie erfassen nicht nur Formen, sondern auch die Lebendigkeit der Tiere. Hinter dieser Kunstpraxis vollzieht sich ein Bewusstseinswandel. Der Mensch befreit sich allmählich von seinen Dämonen und der Angst vor der Sünde. Das neue Lebensgefühl verändert auch die Deutungen der Eule: Aus dem bedrohlichen Nachtvogel wird ein komisch-eigensinniges, liebenswürdiges Wesen.[13]

Weltweite Perspektiven

Auch in den verschiedenen Kulturen Asiens nimmt die Eule symbolische Bedeutungen an, die denen der griechischen Mythologie teilweise stark ähneln. Doch der Einfluss erfolgte nicht einseitig von Griechenland nach Asien, sondern auch umgekehrt: So gehen z.B. Geschichten indischer Folklore unseren Fabeln von La Fontaine und anderen Schriftstellern voraus. Darin steht „die Eule für Weisheit und Hilfsbereitschaft und kann auch die Zukunft voraussagen".[71]

In verschiedenen indigenen Völkern Nordamerikas wurde die Eule verehrt. Vor allem ihre beneidenswert scharfe Sinneswahrnehmung, die sie zu einer der erfolgreichsten Jägerin des Tierreichs machte, diente hier als Vorbild.[71] In einigen australischen Aborigines-Stämmen galt die Eule als spirituelle Leitfigur. Auch in einigen Regionen Asiens wurde sie als schützender Ahn angesehen, der vor Unheil, Hunger und Krankheit bewahrt.[71]

Von den Bewohnerinnen und Bewohnern der Hawaii-Inseln heißt es, dass sie Eulen gegenüber sehr zugeneigt sind: „Über die Jahrhunderte hinweg galt ihnen die Eule als Beschützer. Schon mehrfach, so wird berichtet, wurden einzelne von ihnen durch das Eingreifen der Eule gerettet."[71] Das Volk der hawaiischen Inseln verehre Eulen „als göttliche Wesen, und die Orte, an denen sich die Eulen zu ihrem Kampf versammelten, tragen alle das Wort *pueo* (Eule) in ihrem Namen".[71]

Moderne Interpretationen: Zwischen Popkultur und Naturschutz

Heute ist die Eule zur Ikone geworden. Sie taucht in Logos und Emblemen, in Fantasyromanen und Filmen auf. Zahlreiche Institutionen, darunter Schulen, Universitäten und Museen tragen die Eule entweder im Namen, im Logo oder verwenden die noch immer für Weisheit und Gelehrtheit stehenden Tiere in sonstiger Form als Identifikations- und Erkennungsmerkmal. Auch in der Verlagswelt schlägt die Eule ihre Flügel: Sie wird zum Namenspatron des Eulen-Verlags, zierte als „Der Uhu" in der Weimarer Republik eine Zeitschrift aus dem Hause Ullstein[13] und steht noch heute allgemein für die Bildungsaufgabe vieler Verlage. Als Logo bei Ullstein und der Klebstoffmarke „Uhu" verleiht sie Publikationen und Produkten den Glanz von Klugheit und Wissen.

In der Werbung machte sich auch der berühmte Hersteller von Filmrollen für die Fotografie, „Kodak", Eigenschaften der Eule zunutze, um positive Assoziationen mit den eigenen Produkten herzustellen. Besonders passend ist ein Werbebild, das einen Uhu mit für ihn typisch weit aufgerissenen, orangeroten Augen zeigt. Dazu heißt es auf dem Werbeposter: „Kodak Filme sehen das Nachtleben besser als der Mensch".[13]

Laut aktueller Umfrage in Griechenland haben viele der Befragten schon eine Eule gehört oder gesehen. Ein paar waren sich dessen aber nicht ganz sicher. Außerdem fand der überwiegende Anteil der Beobachtungen des städtischen Bevölkerungsanteils in Medien oder in Zoos und nicht in freier Wildnis statt.[17] Mehr als ein Drittel der Befragten gab an, dass Eulen für sie einfach nur Vögel seien, fast ein Drittel glaubte daran, dass Eulen weise Wesen seien – ein Ergebnis, das auf die anhaltende Wirkung mythologischer Überlieferungen und Geschichten hindeutet.[17] Nur 12 % der Befragten gab an, Eulen als böse Omen anzusehen, knapp 5 % empfand Eulen als angsteinflößend oder gefährlich.[17] Auf eine ähnliche Frage, ihre persönlichen Glaubenssätze und Einstellungen gegenüber Eulen betreffend, gab die überwiegende Mehrheit von 86 % an, Eulen seien „harmlos, wichtig und wohltuend für die Umwelt".[17]

Gegenwart

Darstellung in der Literatur

„Und wenn irgendwer irgendwas über irgendwas weiß", sagte sich Bär, „dann ist es Eule, die was über was weiß", sagte er, „oder ich heiße nicht Winnie-der-Pu", sagte er. „Ich heiße aber so", fügte er hinzu. „Und das beweist, dass ich recht habe."[46]

So wird in A. A. Milnes weltbekanntem Kinderbuch „Pu der Bär" die mit dem sympathischen, Honigliebenden Bären befreundete Eule beschrieben. Milne liefert ein gutes Beispiel dafür, dass uns Eulen in der gesamten Literaturgeschichte als sehr komplexe Wesen gegenübertreten. Wir sind von ihrer scharfen Sinneswahrnehmung beeindruckt und sehen in ihr noch immer gerne die „weise alte Eule". Doch bei aller Weisheit wirkt die Eule öfters auch etwas verschusselt und vergesslich, was sich darin äußert, dass sie gerne vor sich hinredet und ihre Freunde dabei auch mal zum Gähnen bringt.

Von Shakespeares Dramen ... bis zur Philosophie Hegels

Auch William Shakespeare waren die volkstümlichen Bedeutungen der Eule bekannt. Er lässt Eulen mehrfach zum Zeitpunkt einer Mordtat rufen. Shakespeare war sich also des Volksglaubens bewusst und spricht auch von der „ominous fareful owl of death"[13] (der unheilvollen, furchterregenden Eule des Todes).

„And yesterday the bird of night did sit
Even at noon-day upon the market place,
Hooting and shrieking."[57]
„Und gestern saß der Nachtvogel
Sogar zur Mittagszeit auf dem Marktplatz
Und schrie und krächzte."[13]
(Julius Cäsar, Akt 1, Szene 3)

Über den Kauz als Vorboten des Todes schreibt auch Theodor Storm (deutscher Jurist, Dichter und Novellist, bedeutender Vertreter des Poetischen Realismus) in seinem Gedicht „Käuzlein":

„Da sitzt der Kauz im Ulmenbaum
Und heult und heult im Ulmenbaum.
Die Welt hat für uns beide Raum!
Was heult der Kauz im Ulmenbaum
Von Sterben und von Sterben?"[60]

Der deutsche Philosoph Georg Wilhelm Friedrich Hegel verwendete das Bild der Eule der Minerva zur Veranschaulichung eines Gedankens: „Wenn die Philosophie ihr Grau in Grau malt, dann ist eine Gestalt des Lebens alt geworden, und mit Grau in Grau läßt sie sich nicht verjüngen, sondern nur erkennen; die Eule der Minerva beginnt erst mit der einbrechenden Dämmerung ihren Flug.“[32] Hegel möchte hier seine Annahme veranschaulichen, dass die Philosophie und der Gedanke erst auftauchen, nachdem die Welt bereits entstanden und vollendet ist. Wie das philosophische Nachdenken beginnt auch die Eule „erst mit der einbrechenden Dämmerung ihren Flug“. Denken, Philosophie und Geschichtsschreibung sind für den Idealisten Hegel gegenüber der Wirklichkeit zweitrangig. Zwar helfe die Philosophie dabei, „die Gestalt des Lebens“ zu „erkennen“, nicht aber sie zu „verjüngen“.

Sagen, Fabeln und Romane

Auch in einer Sage des Schriftstellers Washington Irving, Autor von „The Legend of Sleepy Hollow“, taucht eine Eule als Begleittier eines Prinzen auf: „Eine der hilfsbereitesten – wenn auch wohl berechnenden – Eulen der Literaturgeschichte ist gewiß jene kluge, gelegentlich etwas aufgeplusterte Eule, die in Washington Irvings ‚Legende von Prinz Achmed‘ (1832) dazu beitrug, daß der liebeskranke Held seine bezaubernde Prinzessin finden und für sich gewinnen konnte.“[71] Dem Prinzen wird noch in der Wiege ein Hang zum Verliebtsein prophezeit, sodass sein königlicher Vater die Erziehung einem Philosophen überlässt. Dieser soll dem Prinzen die Wahrheit über die Liebe zu seinem eigenen Schutz verheimlichen. Doch irgendwann kommt der Prinz, dem Vogelgesang im Frühling lauschend, hinter das Geheimnis. Schließlich soll eine Eule ihm dabei helfen, aus dem Turm auszubrechen, in dem er eingesperrt und von der Welt abgeschirmt ist. Die Eule wird zu einer Art Wingman, indem sie dem Prinzen zu seiner heiß ersehnten Liebe führt. Und das, obwohl die Eule sich selbst als Philosoph sieht und sagt, sie wisse über die Liebe nichts: „Meine Nächte sind dem Studium und Forschen geweiht, und meine Tage dem Nachdenken in meiner Zelle über alles, was ich gelernt habe.“[35] Doch in der Ortskunde kennt die Eule sich aus, weil sie überall im Land Verwandte hat, die sie zu besuchen pflegt. Und da der Prinz der Eule einen Posten von Rang verspricht, hilft sie ihm schließlich dabei, seine geliebte Prinzessin ausfindig zu machen: „Obschon der Vogel ein Philosoph und über die gewöhnlichen Bedürfnisse des Lebens erhaben war, so war er doch nicht ohne Ehrgeiz; so wurde er dann endlich dahin gebracht, mit dem Prinzen zu fliehen, und sein Führer und Mentor bei dieser Pilgerschaft zu werden.“[35] Auf der Reise hält sich der Prinz an die Vorgaben der Eule: „Seinem Gefährten zu Gefallen reiste er nur des Nachts, und hielt während des Tags in irgend einer dunklen Höhle oder zerfallenen Warte an, denn die Eule kannte jeden Schlupfwinkel dieser Art, und hatte einen höchst antiquarischen Geschmack an Ruinen.“[35] Letzten Endes findet der Prinz seine geliebte Prinzessin. Um sie für sich zu gewinnen, muss er jedoch in einem Turnier gegen andere Nebenbuhler antreten. Da kommt ihm wieder die Kenntnis der Eule zugute, denn sie weiß von einem Ort, an dem eine magische Rüstung liegt, die dem Prinzen den nötigen Vorteil im Kampf verschaffen könnte. „Wisse, o Prinz, daß dieses Land voller Geheimnisse ist, welche nur denen erschlossen sind, die, wie ich, im Dunkeln nach den Wissenschaften tappen können.“[35] Am Ende der Sage gelingt es dem Prinzen dank einer weiteren Offenbarung der Eule, an einen magischen Teppich zu kommen, der ihn und seine Prinzessin hinfortträgt. Als Dank für ihre Dienste macht der König gewordene Prinz die Eule zu seinem ersten Minister und einen Papageien, der ebenfalls bei der Suche half, zum Zeremonienminister.[35] Die Geschichte schließt mit dem Satz: „Es ist unnöthig zu bemerken, daß nie ein Land weiser regiert oder ein Hof mit pünktlicherer Sorgfalt in Ordnung gehalten wurde.“[35]

Als eine Art Abwehrzauber wurden tote Eulen über die Scheunentore von Bauernhöfen genagelt, um das Haus vor Unglück und Hexerei zu bewahren. Diese Tradition wird auch in der Literatur aufgegriffen: In Gustave Flauberts Romanfragment „Bouvard et Pécuchet" versuchen die beiden Protagonisten, den Aberglauben der Bauern zu widerlegen. Sie klären über ungesunde Kinderernährung und fragwürdige Heilmethoden auf. Und auch den Glauben an die Unheil bringende Eule kritisieren sie. Wenn sie über einem Hoftor ein gekreuzigtes Exemplar entdecken, halten sie den Bauern entgegen, dass Eulen „Schädlinge“ wie Mäuse, Ratten und sogar Raupenlarven vertilgen. Flaubert kontrastiert so das rationale Wissen von der Nützlichkeit der Eule mit der tief im Volksglauben verankerten Vorstellung ihres Unheils.[13]

Jean de La Fontaine (1621–1695) nutzt in seinen Fabeln die Figur der Eule, um auf unterhaltsame Weise typisch menschliche Charakterschwächen zu thematisieren. Sie wird zum literarischen Werkzeug, um Eitelkeit und Egoismus humorvoll darzustellen.[13]

Kinderbücher und Romane

Helmut Kraus schreibt in „Faszination Eulen“ über Eulen in der Literatur, dass sie wie auch in der Mythologie teils für Weisheit stehen, teils aber auch als böse Begleiter auftauchen. Bis heute wird die Eule im Fantasy-Genre mit Hexen und Zauberern in Verbindung gebracht. Ein bekanntes Beispiel für die kulturelle Präsenz der Eule findet sich in den Harry-Potter-Geschichten. Dort ist die Schneeeule Hedwig treue Begleiterin Harry Potters. Eulen werden in den Romanen in der Welt der Zauberei auch als Postboten genutzt. Im Film wird Hedwig von einem männlichen Tier „gespielt“ – erkennbar an der Gefiederzeichnung. Anders als bei den meisten anderen Eulenarten lassen sich bei Schneeeulen die Geschlechter durch ihr Aussehen zuverlässig unterscheiden.[37]

Heute sind Eulen weiterhin beliebte Fabeltiere in Kinderbüchern. Milnes Pu der Bär ist dafür nur ein sehr bekanntes von vielen weiteren Beispielen. Die Tradition, dass Eulen in Geschichten für Kinder auftauchen, dürfte auch dem englischen Maler, Illustrator und Schriftsteller Edward Lear (1812–1888) zu verdanken sein. Das ähnliche Aussehen der Gesichter von Katze und Kauz inspirierte Lear dazu, die im Jahr 1870 erstmals veröffentlichte, heute berühmte Erzählung „Der Kauz und die Katze“ zu erfinden.[13] Das erzählerische Gedicht besteht aus drei Strophen und erzählt die witzige Geschichte, wie sich eine Katze und ein Kauz verlieben und schließlich heiraten. Neben dieser Fabelgeschichte gibt es auch Jugendbücher, die sich teils stark an dem wirklichen Wesen von Eulen orientieren. So wird der Uhu in Hugo Kochers „Buhuo, der fliegende Wolf“ (1953) mit beeindruckendem Detailreichtum dargestellt: „Der Uhu plustert sich auf, schüttelt sein Gefieder, fährt mit dem messerscharfen Krummschnabel über die Schwungfedern. Seine gelben Augen leuchten auf, glimmen in unheimlichem Feuerschein.“[13]

Der amerikanische Schriftsteller Henry David Thoreau beschreibt in dem Buch „Walden“ sein Leben in einer Blockhütte in den Wäldern von Massachusetts. Darin schreibt er: „I rejoice that there are owls“.[66] Lasst uns Thoreaus Einstellung Vorbild sein: Freuen wir uns, dass es Eulen gibt!

Darstellung in der Kunst

Eulen im Allgemeinen und der Uhu im Besonderen inspirierten Menschen schon immer zu beeindruckenden künstlerischen Aktivitäten. Der Uhu ist zu einer Sympathie-Art geworden. Eine Auswahl einiger großer und kleiner Kunstobjekte, die uns persönlich begegnet sind, soll in diesem Kapitel vorgestellt werden.

Uhu-Graffiti am Teufelsberg

Der Teufelsberg in Berlin ist ein magischer Ort. Bis 1972 wurden insgesamt 26 Millionen Kubikmeter Trümmerschutt aus Kriegszeiten hier abgeladen. Zwischen den 1950er Jahren und 1991 wurde der Berg als Flugüberwachungs- und Abhörstation der US-amerikanischen Streitkräfte genutzt. Nach der anschließenden Nutzung als zivile Flugsicherungs-Radarstation von 1991 bis 1999 standen die Gebäude leer und waren dem Verfall preisgegeben. Die Gebäude mit den markanten fünf Antennenkuppeln sind noch heute ein weithin sichtbares Wahrzeichen.[64]

Inzwischen gibt es in der ehemaligen Abhörstation eine Street Art Gallery mit immer wieder neuen Werken internationaler Künstler. Die teilweise riesengroßen Graffitis haben während ihrer Entstehung einen sogenannten Bestandsschutz. Erst wenn ein Werk fertig und beendet ist, darf der Bereich neu übermalt werden. Daher entstehen immer wieder neue faszinierende Kunstwerke. An der Wand eines

Abb. 80: Der Teufelsberg in Berlin: Treff für Street-Art-Künstler aus aller Welt

Nebengebäudes entdeckten wir im Jahr 2018 einen ganz besonderen Uhu. Dieser Graffiti-Uhu besticht durch seine überwiegend intensivrote Farbe. Der Künstler Klaas Lageweg aus den Niederlanden schrieb uns dazu, dass er Eulen liebt. Er hatte sich bei dem Uhu für einen „leicht teuflischen Look entschieden, weil er zum Namen des dortigen Berges und zur Geschichte des Ortes passt“. Der Uhu vom Teufelsberg in Berlin hat uns zutiefst beeindruckt und bleibt uns immer in Erinnerung.

Baumrinden-Uhu

Den Baumrinden-Uhu mit seinem Jungen habe ich geschenkt bekommen. Leider weiß ich nicht mehr wann und von wem. Auch der Künstler, der ihn erfunden und bearbeitet hat, ist mir unbekannt. Die beiden Uhus sind in ihrem Tarnkleid vollkommen gestaltet. Das gab mir die Idee, diese Tarnung in der Natur im Wald an eine Kiefer zu halten. Wie bei einem echten Uhu: Passt perfekt!

Vielfältige Uhu-Figuren

Der Uhu ist heute eine Sympathie-Art des Menschen. Es gibt unzählige Figuren, in den unterschiedlichsten Größen, Materialien, Farben und Formen. Eine nicht enden wollende Möglichkeit für sammelnde Uhu-Liebhaber. Aufgrund ihrer meist großen Abstraktheit kann man die Figuren unter strenger Berücksichtigung der artspezifischen Merkmale häufig nur der Eulen-Familie zuordnen und nicht der Art Uhu speziell. Für mich persönlich sind es alles Uhus.

Motorsägen-Kunst im Fichtenwald

Bei einem Spaziergang durch einen großen, ausgedehnten Wald bei Schongau stand am Wegesrand plötzlich dieser kindergroße Baumstamm-Uhu vor mir. Wer hatte nur die gelungene Idee, diese markante Gestalt aus einem stehenden Baumstammstumpf mit der Motorsäge herauszuarbeiten? Der Künstler bleibt mir unbekannt. Da es in der Umgebung dieses Waldes tatsächlich Uhus gibt, gehe ich von einem Uhu-Kenner aus, der seine Begeisterung für diese Eulenart in die Fichte hineinarbeitete.

Uhu-Zentangle

Ein Zentangle ist eine freie Zeichnung, die aus Formen mit immer wiederkehrenden Mustern aus einer Kombination von Punkten, Linien, einfachen Kurven und Kreisen strukturiert ist. Charakteristisch ist, dass das entstehende Zentangle-Bild von allen Seiten gleichermaßen betrachtet werden kann und die gezeichneten Formen in der Regel kein gegenständliches

Abb. 81: Teuflisches Aussehen: Diesen Graffiti-Uhu am Teufelsberg in Berlin hat der Künstler Klaas Lageweg an seine namensgebende Umgebung angepasst (Abbildung mit freundlicher Genehmigung des Künstlers).

Abb. 82: Dieser Rinden-Uhu mit Jungvogel passt sich gut getarnt an die Rinde der Wald-Kiefer an.

Abb. 83: Uhu-Figuren in den unterschiedlichsten Formen, Materialien und Farben sind beliebte Sammelgegenstände oder Geschenke.

Abb. 84: Mitten im Wald stand plötzlich dieser Baumstamm-Uhu. Hat ihn ein Waldarbeiter in seiner Mittagspause mit der Motorsäge gestaltet?

Abb. 85: Ein Uhu-Zentangle – ein Kraftwerk aus filigranen Formen und Strukturen in Tusche hat Fiete von Lossow gezeichnet (Abbildung mit freundlicher Genehmigung des Künstlers).

Abb. 86: Die äußeren Steuerfedern eines Uhus weisen auf der schmalen Außenseite die für alle Eulenarten typische Zahnung auf. Der dadurch mögliche lautlose Flug wird nachahmend für die Konstruktion der Tragflächen von Flugzeugen und von Windradrotorblättern in der Bionik genutzt.

Objekt ergeben. Der meditative Vorgang des Zeichnens ist vorrangig und folgt einer eigenen Philosophie. Das Zeichnen ist absichtslos und es gibt keine konkreten Vorstellungen von einem bestimmten Ergebnis. Vielmehr wird der Intuition gestattet, sich zu entfalten. Erfunden wurde Zentangle in den USA von dem ehemaligen Mönch Rick Roberts und der Künstlerin Maria Thomas, die damit eine Kombination aus Meditation und Kunst erschaffen haben. Ein ausnahmsweise gegenständliches Objekt in diesem Stil, einen Uhu, hat mein Sohn Fiete von Lossow erschaffen. Er hat das Werk während seines 1 ½-jährigen Aufenthalts in Amerika gezeichnet, nach einer Vorlage des Designers von „Zentangle Owl Stickers", Miguel Sarmiento Perea. „Jede einzelne Linie steht für die vielen stillen Stunden, die ich mit diesem Uhu verbracht habe, und für die Schönheit dieses Vogels im Detail. Beim Zeichnen habe ich Ruhe gefunden, die Heimat war mir ganz nah." So beschreibt der Künstler sein faszinierendes Werk.

Der Uhu in der Bionik

Der Begriff Bionik ist zusammengesetzt aus den Wörtern Biologie und Technik. Die Bionik beschäftigt sich demnach mit dem Übertragen von Phänomenen der Natur auf technische Erfindungen. Die enorme Elastizität und Zugfestigkeit der Spinnenseide sind schon lange allseits bekannt. Polynesier im Südpazifik lassen z. B. eine Radnetzspinne ein Netz bauen und verwenden dieses dann zum Fischfang. Spinnenseide ist biologisch abbaubar und löst keine Allergien aus. Daher kann man sie zum Vernähen von Wunden einsetzen und es müssen nicht einmal Fäden gezogen werden.[25]

Der Uhu hat wie alle Eulenarten entlang der Außenfahnen der äußeren Handschwingenfedern eine deutlich sichtbare, markante Zahnung. Insbesondere diese Zahnung ermöglicht einen lautlosen Flug, der in der Konstruktion der Tragflächen von Flugzeugen, Windrad-Rotorblättern, Turbinen und Ventilatoren zunehmend als Vorbild gilt.

Karl Auers lustige Telefonstreiche im Bayrischen Rundfunk (BR3)

In den Monaten April bis Juli ist eine Art von Anrufen, welche die Vogelschutzwarte Garmisch-Partenkirchen erreichen, besonders häufig: „Wir haben einen Vogel gefunden, was sollen wir mit ihm machen?" Immer geht mit dieser Frage die Hoffnung einher, von der Behörde, die für den Vogelschutz in Bayern landesweit zuständig ist, eine zufriedenstellende Antwort zu erhalten. In Unkenntnis der tatsächlichen Situation vor Ort gilt es, sich als fachkundige Person, die am Telefon um Hilfe gebeten wird, zuerst mal ein Bild von der Lage zu machen. „Von wo aus rufen Sie an? Um welche Vogelart handelt es sich? Können Sie das Aussehen und die Größe beschreiben? Ist der Vogel verletzt? Wo befindet er sich gerade?" So lauten die ersten Nachfragen, die ich einem Anrufer in einem solchen Gespräch stelle, um mir einen Überblick zu verschaffen. Jeder Anruf wird im Sinne des Vogelschutzes und der Fürsorge einer Behörde gegenüber besorgten Bürgern ernst genommen. Sicherlich 90 % dieser gefundenen Vögel sind unverletzte, noch nicht flügge Jungvögel. Zuallermeist handelt es sich um junge Amseln. Daher lautet häufig die konsequente Antwort: „Bitte setzen Sie den Vogel genau dorthin zurück, wo Sie ihn gefunden haben. Der Jungvogel wird dort weiterhin von den Elternvögeln gefüttert und versorgt." Diese Antwort erhielt zum Beispiel auch ein älteres Ehepaar von mir, das mit einem schicken, hochglanzpolierten Benz-Cabrio mit roten Ledersitzen an der Vogelschutzwarte vorfuhr. Die Frau auf dem Beifahrersitz hatte eine Schachtel eng an ihren Körper gepresst. Darin war ein hilfloser Vogel, den sie gefunden hatte und bei mir abgeben wollte. Selbstverständlich wird so ein Vogel begutachtet: Welche Art ist es, Alt- oder Jungvogel, verletzt oder unverletzt? Es war eine gesunde, noch nicht flügge, junge Amsel. Wie fast jeder Vogel hatte sie Hirschläuse. Bei einem gesunden Vogel sind sie vollkommen unproblematisch. Das erklärte ich den beiden fürsorglichen Findern. Auch, dass Hirschläuse beim Kontakt mit Wildvögeln gerne mal zum

Menschen überwechseln, aber dort nicht bleiben und somit für uns unproblematisch sind. Ja, sie sollten die Amsel folgerichtig wieder mitnehmen und sie genau dorthin zurücksetzen, wo sie den Jungvogel gefunden hatten. Etwas enttäuscht, aber verständnisvoll nahm die Frau den Karton mit der Amsel wieder entgegen. Bei der Abfahrt im Cabrio war deutlich zu erkennen, dass der Karton nun weit vom Körper der Frau entfernt gehalten wurde. Dieses Bild war für mich so prägnant, dass ich mir bildhaft gut vorstellen konnte, wie die beiden – zuhause angekommen – sich gründlich abduschten, um alle potenziellen Hirschläuse zu entfernen.

Immer wieder werden aber auch ganz besondere Vögel gefunden und gemeldet, darunter zum Beispiel auch streng geschützte oder seltene Arten. Waldkauz, Raufußkauz und Mäusebussard sind im Winter bei länger anhaltender, geschlossener Schneedecke die ersten Vögel, die gefunden werden. Wenn sie aufgrund des Schnees nicht mehr an ihre Hauptbeute (Mäuse) herankommen, besteht die Gefahr des Hungertods. Vogelarten wie diese können an dafür geeigneten Fachstellen, wie zum Beispiel Vogelauffangstationen, innerhalb weniger Tage fitgefüttert und dann wieder freigelassen werden. Ganz selten wird sogar ein Uhu gemeldet. Da ich an der Vogelschutzwarte der Spezialist für diese Eulenart war, hat meine Kollegin den folgenden Telefonanruf an einem Dienstagvormittag an mich weitergegeben (siehe Einschubkasten).

Aufzeichnung eines Telefonanrufs am 11.08.2008 an der Vogelschutzwarte Garmisch-Partenkirchen (Gesprächsteilnehmer: KA: Karl Auer, GvL: Günter von Lossow):

KA: Grüß Gott, Auer Karl, Rottalmünster. Bin ich jetzt in der Vogelschutzwarte?
GvL: Sie san in der Vogelschutzwarte, ja.
KA: Wunderbar, Folgendes: Mei Tochter hat einen kleinen Uhu mit hoambracht.
GvL: Wo san Sie bitte?
KA: Rottalmünster.
GvL: Rottalmünster, das is ja ganz weit, ganz weit im Osten.
KA: Na, des is schon no in Bayern.
GvL: Ja, (lacht) des is scho klar. Wann hats den mit hoimbracht?
KA: Am Freitag.
GvL: Aha.
KA: Die hot na vorm Schreibwarengschäft gfundn.
GvL: Ahhmm, ja, i frag Ihne jetzt erst mal nachm Aussehn.
KA: So gelb-schwarz, is a bisserl verklebt.
GvL: Gelb-schwarz und a bisserl verklebt.
KA: Ja.
GvL: Das heißt, auf da Straß, vor da Apothek gfundn?
KA: Na, vorm Schreibwarengschäft.
GvL: Oder vorm Schreibwarengschäft. Is ja egal. Dann is er irgendwo vom Haus runtergepurzelt.
KA: Aha.
GvL: Und do is wohl einer gebrütet worden. Und wenn jetzt, zu dieser Zeit, irgendwo a Jungvogel runterpurzelt – des is sicherlich kein Uhu.
KA: Ja doch, doch, des steht ja drauf.
GvL: Wie groß is er denn?
KA: Oh, der ist so, so zsammgrollt, i schätz jetzt amoi, so 4, 5 Zentimeter wird er no sei.
GvL: 4, 5 Zentimeter!
KA: Also wenn man aufrollt, dann wird er wahrscheinlich so 6, 7 Zentimeter sei.
GvL: Warum is der Vogel zsammgrollt? Weils a a nackerter Vogel no is, weils a junger Vogel is?
KA: Aha.
GvL: Na, frag i Sie.

Abb. 87: Die Tochter von Karl Auer hat einen Uhu vor dem Schreibwarengeschäft gefunden (siehe Einschubkasten).

KA: Na, des woiß i net, i kenn mi ja net so aus.
GvL: Hat er scho Federn?
KA: Na. Hot er net. Na, koane Federn. Na.
GvL: Hat er die Augn offn?
KA: Wo, wo, wo warn na die?
GvL: Wo die Augn bei am Vogel san?
KA: Ja bei dem Uhu?
GvL: Am Kopf.
KA: Isses des Schwarze?
GvL: Wahrscheinlich, ja.
KA: Aha.
GvL: Aber er lebt no?
KA: Des kann ich net beurteiln.
GvL: Ja wenn er si nimmer rührt, dann is er tot.
KA: Moanas?
GvL: Ah, die Flügel sin noch net ausgebildet?
KA: Nein, man sieht, man sieht keine Flügel.
GvL: Is es denn überhaupt a Vogel?
KA: Es is ein Uhu, es steht drauf.
GvL: Gelb-Schwarz! Sie meinen net an Klebstoff „Uhu"? Oder?
GvL: Ahmm … mit wem sprech ich denn nochmal bitte?
KA: Mein Name ist Auer.
GvL: Karl Auer?!
GvL: Guart! (lacht). Des is ja nett! (lacht).

„Bayern 3 präsentiert: Karl Auers Telefonstreiche. Jeden Dienstag nur hier in Bayern 3.

Der heutige Telefonstreich ist ein Wunsch vom Johann, von der Anita und vom Erwin. Viel Spaß. Rottalmünster, bitte bleiben Sie am Apparat. Sie werden gleich mit Karl Auer verbunden. Schicken auch Sie mir Ihren Wunsch – direkt nach Rottalmünster. Der Karl-Auer-Wunsch en masse – im Internet www.bayern3.de. Bayern 3 klingt dreimal gut." (Karl Auers Telefonstreiche, BR3-Rundfunk, 11.11.2008)

Die Aufzeichnung und Abbildung des Telefongespräches erfolgt mit freundlichen Genehmigungen von Bayern-3-Community-Redaktion und Autor Markus Walsch (aka Karl Auer).

Abb. 88: Der gelb-schwarze Uhu – gestaltet von der Künstlerin Annemarie Bahr (Abbildung mit freundlicher Genehmigung der Künstlerin).

Der gelb-schwarze Uhu

Seit jenem besonderen Telefonanruf vom 11. November 2008 begleitet mich der schwarzgelbe Uhu bei meiner Arbeit. Im Jahr 2013 war es, als ich bei einem Stadtbummel in Murnau am Obermarkt in das Schaufenster eines Bekleidungsgeschäftes sah. Zu meiner Überraschung war es dekoriert mit dutzenden von Holzmodellen, die Uhus darstellten. Sie waren in allen Farben bemalt, wunderschön künstlerisch und fantasievoll gestaltet und zum Verkauf angeboten. Ein Uhu fiel mir sofort besonders auf: Er war schwarz-gelb angemalt und saß auf einer dazu passenden Klebstoff-Schachtel. Ich erinnerte mich an Karl Auers Telefonstreich und dachte: Diesen Uhu muss ich haben. Seit nunmehr 12 Jahren steht dieser Uhu auf meinem Schreibtisch und erfreut mich jeden Tag aufs Neue mit seinem lustigen Aussehen.

Selbstverständlich interessierten mich die Hintergründe zu diesen Uhus. Welche Idee stand dahinter? Wie sind sie entstanden? Ein angeklebtes Etikett an meinem gelb-schwarzen Uhu gab mir einen wichtigen Hinweis: „UHU Bahr Annemarie Tusculum". Ich konnte herausfinden, dass mein Uhu von Annemarie Bahr von der Künstlervereinigung Murnau e. V. „Tusculum" gestaltet wurde. Tatsächlich konnte ich Frau Bahr ausfindig machen. Sie und später auch Dokumentarfilmer, Autor und preisgekrönter Journalist Dieter Wieland zusammen mit seiner Frau Heidi Wieland erzählten mir die Hintergründe zu den Uhus im Bekleidungsgeschäft.

Der Architekt Emanuel von Seidl baute Anfang des 19. Jahrhunderts in Murnau eine großzügige Villa und legte rund um sie herum eine großflächige Grünanlage im Stil englischer Gartenkunst an: den heutigen Seidl-Park. Er bezauberte durch seinen Bestand alter, hochgewachsener Bäume, einen mit Seerosen bewachsenen Teich und einige Denkmäler. Verbunden durch verschlungene Wege mit Aussichtsplätzen, Terrassen und Lauben erinnern sie an eine vergangene Zeit: In Seidls Landhaus verkehrte die Münchner Prominenz. Feste wurden sowohl im Haus als auch auf dem grünen Gelände zelebriert. Die Aufführung von Shakespeares „Ein Sommernachtstraum" unter freiem Himmel und unter der Regie von Max Reinhardt war einer der zahlreichen Höhepunkte. Die Gemeinde Murnau erwarb den Park im Jahr 1941. Nachdem der Park mit der Zeit immer mehr seine ursprüngliche Schönheit verlor und die Villa sogar abgerissen wurde, gründete sich 2008 der „Förderkreis Murnauer Parklandschaft e. V.". Der Förderkreis machte es sich zur Aufgabe, den Park mit seinen besonderen Orten zu erhalten und teilweise in seinem ursprünglichen Zustand wieder herzustellen: so auch den Hirschenplatz und den Freundschaftshügel, Emanuel von Seidls Lieblingsplätze. Dieter und Heidi Wieland setzten sich in der Folgezeit als Vorsitzende des Förderkreises für den Seidel-Park in Murnau besonders stark ein. Die beiden hatten die Idee, Murnauer, Uffinger und Seehausener Schüler und Schülerinnen sowie Murnauer Künstler und Künstlerinnen Holztiere bemalen zu lassen. Damit wurden die teilnehmenden Kinder und die Öffentlichkeit auf die Schönheit des Seidl-Parks aufmerksam gemacht. Zugleich sollten mit dem Erlös der verkauften Tiere Projekte und Pflanzungen im Seidl-Park ermöglicht und vorangebracht werden. Das Bekleidungsgeschäft in Murnau unterstützt diese schöne Spendenaktion mittlerweile seit 2010. Jedes Jahr wird gemeinsam ein anderes Tier ausgewählt, das einen Bezug zum Seidel-Park hat. Zuerst werden Rohlinge angefertigt, anschließend bemalt und verkauft. Schmetterlinge, Fische, Igel, Füchse und Bienen waren schon darunter. Die Holzrohlinge der Tiere aus Ahorn- und Buchenholz stellte anfangs ein namhafter deutscher Spielzeughersteller zur Verfügung. Inzwischen werden sie von der Kinder-, Jugend- und Erwachsenenhilfe e. V. der Werdenfelser Werkstätten für Menschen mit Behinderung in Garmisch-Partenkirchen hergestellt.

Dieser gelb-schwarze Uhu begleitete mich während meiner Arbeit an diesem Buch über den Uhu in Bayern. Es entstand die Überlegung, nicht nur die Entstehungsgeschichte des Kunstwerkes zu erzählen. Ich wollte ihm einen würdevollen Raum im Buch geben, vielleicht in Form eines Bilderrätsels. In der Folgezeit nahm ich ihn auf meinen Ausflügen überall mit hin. Die Idee war, ihn in verschiedenen Lebensräumen gut ins Bild zu setzen und zu fotografieren. Es entstanden Fotos u. a. im Murnauer Moos, in München, im Bayerischen Wald, an Lech und Isar, in der Fränkischen Alb und in Garmisch-Partenkirchen. Diese Bilder sind nicht nur eine persönliche Hommage an Karl Auers humorvollen Streich, den ich auf diesem Weg fortsetzen möchte. Sie verfolgen gleichzeitig ein didaktisches Ziel: Wo brütet der Uhu tatsächlich genau? Wie gut haben Sie die Geschichten zum Uhu in Bayern bisher gelesen? Wie gut können Sie sich an Details erinnern? Im nachfolgenden Einschubkasten können Sie ihre Kenntnis über den Uhu testen.

Wo brütet der Uhu?

Brütet der Uhu im Schilf (1),

auf Kiesinseln (2),

in Friedhöfen an Grabsteinen (3),

an Wurzelanläufen von Hangfichten (4),

im Steinbruch (5),

in Löwenzahn-Fettwiesen (6),

an Felswänden (7),

im Getreide (8),

im Fichtenforst (9),

an Gebäuden wie z. B. Kirchen, Ruinen (10),

in offenen Moorlandschaften (11),

an aufgestellten Wurzeltellern windgeworfener Bäume (12),

im Moor-Birken-Wald (13)?

Wer findet die richtige Lösung?

2

3

4

1

5

6

7

8

9

10

11

12

13

GEFÄHRDUNG UND SCHUTZ

Gefährdungsgrad und gesetzlicher Schutz

Gefährdungsgrad
Bis Anfang der 1970er Jahre stand der Uhu in ganz Deutschland vor dem Aussterben.

Im Gebiet der ehemaligen DDR wurde er 1955 als eine vom Aussterben bedrohte Tierart unter gesetzlichen Schutz gestellt. In der Naturschutzverordnung der DDR vom 18.05.1989 wurde der Uhu auch weiterhin als vom Aussterben bedrohte Art eingestuft (Görner 2025)[30].

In der zweiten Auflage der ersten Roten Liste bedrohter Vogelarten in Bayern wurde der Uhu 1983 als stark gefährdete Art eingestuft, bei der erwartet wird, dass seine Population in naher Zukunft deutlich zurückgeht, wenn keine Schutzmaßnahmen ergriffen werden (RL 2a).[6] In der zweiten Roten Liste von 1992[7] und in der dritten Roten Liste von 2003[26] wurde er jeweils als bedrohte Vogelart eingestuft (RL 3). Seit der vierten Roten Liste der Brutvögel Bayerns 2016[54] hat der Uhu in Bayern keinen Rote-Liste-Status mehr, er gilt folglich als „nicht gefährdet". In der Roten Liste der Brutvögel Deutschlands wird der Uhu bereits seit 2007 als „nicht gefährdet" geführt.[63]

In den einzelnen Roten Listen der Brutvögel wird immer wieder darauf hingewiesen, dass ein Vergleich mit Einstufungen der vorhergehenden Roten Liste aufgrund der jeweils geänderten, aktualisierten Kriterien nicht sinnvoll ist. Trotzdem spiegeln die Einstufungen des Uhus von „vom Aussterben bedroht" über „stark bedroht", „bedroht" bis hin zur „nicht bedrohten Vogelart" die tatsächliche Entwicklung des Uhu-Bestandes innerhalb der letzten 50 Jahre in Bayern gut und deutlich wider.

Gesetzlicher Schutz
Unabhängig von der Einstufung in einer Roten Liste genießt der Uhu aber auch einen gesetzlichen Schutz. Nach dem Bundesnaturschutzgesetz (Stand 23.10.2024) gilt er nach § 7 (2) Punkt 13 als besonders geschützte Art und nach § 7 (2) Punkt 14 sogar als streng geschützte Art. Bereits seit 1979 hat er als Anhang-I-Art der Vogelschutz-Richtlinie (79/409/EWG) einen besonderen Schutz. In Artikel 4 (1) wird ausgeführt: „Auf die in Anhang I aufgeführten Arten sind besondere Schutzmaßnahmen hinsichtlich ihrer Lebensräume anzuwenden, um ihr Überleben und ihre Vermehrung in ihrem Verbreitungsgebiet sicherzustellen."

Konflikte und Probleme

Trotz der erfreulichen Bestandsentwicklung des Uhus trifft ihn aktuell eine Vielzahl an Konflikten und Problemen. Zum einen gibt es Situationen, bei denen die Vögel zu Tode kommen können, zum anderen Konflikte, also Störungen, die vor allem den Bruterfolg des Uhus gefährden.

Todesursachen
Im Zeitraum 2001–2024 konnten in Bayern insgesamt 253 tote Uhus dokumentiert werden.[28] Das sind im Durchschnitt jährlich 11 Todesfälle. Dies erscheint auf den ersten Blick nicht viel. Berücksichtigt man jedoch die hohe Lebenserwartung dieses großen Vogels und seine geringe Reproduktionsrate ist die Anzahl der dokumentierten Todesfälle recht hoch. Die Dunkelziffer der tatsächlich zu Tode gekommenen Uhus dürfte außerdem um ein Vielfaches höher liegen. Die meisten toten Uhus werden nicht gefunden oder häufig auch nicht für die

Auflösung von Seite 104/105

Lösung: (3), (4), (5), (7), (10), (12) sind richtig

Abb. 90: Ursachen der Todesfälle des Uhus in Bayern im Zeitraum 2001–2024 (n = 253)

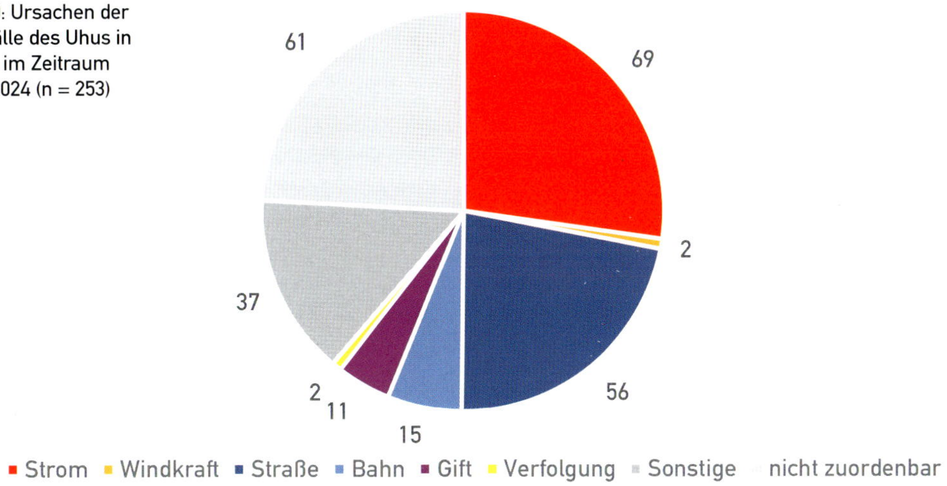

Abb. 91: Dokumentierte Todesursachen für den Uhu in Bayern der einzelnen Jahre 2001–2024[28]

landesweite Dokumentation gemeldet. Auch bleiben viele durch Alter und Krankheit fernab der in immer wieder kontrollierten Beobachtungsgebieten gestorbenen Uhus meist unentdeckt. Die Spuren der toten Tiere sind durch eine Vielzahl von omnipräsenten Aasfressern außerdem meist innerhalb kürzester Zeit vollständig verschwunden.

Die Todesursachen dieser gemeldeten und begutachteten Uhus sind in Abb. 90 dargestellt. Demnach konnten hauptsächlich Stromschläge an Mittelspannungsleitungen, Verkehrsunfälle an Straßen und Bahn, Vergiftung, Verfolgung und Anflug an Windkraftanlagen als Todesursachen dokumentiert werden. Insgesamt können aber nur knapp zwei Drittel der toten Uhus einer der genannten Todesursachen zugeordnet werden.

Abb. 90 zeigt die Anzahl der Uhu-Verluste durch die verschiedenen dokumentierten Todesursachen. Deutlich ist zu erkennen, dass Stromtod und Straßenverkehrsopfer zusammen fast genau die Hälfte der dokumentierten Todesopfer ausmachen.

Der Stromtod an Masten von Mittelspannungsleitungen war viele Jahre ein Brennpunkt des Vogelschutzes an Freileitungen. Bereits 1991 wurde ein Maßnahmenkatalog zur Entschärfung gefährlicher Strommasten auf freiwilliger Basis verfasst.[67] Im Jahr 2002 wurde der Vogelschutz an Energiefreileitungen als verbindliche Maßnahme im § 41 Bundesnaturschutzgesetz verankert. Den Energieversorgern wurde eine gesetzliche Frist bis zum 31.12.2012 eingeräumt, bis zu der alle gefährlichen Masten an Mittelspannungsleitungen entschärft sein mussten. Aufgrund der vielen zu sichernden Masten wurde die Frist in regelmäßigen Abstimmungsgesprächen mit den Energieversorgern in Bayern verlängert. Am 01.08.2011 veröffentlichte der Verband der Energieversorger VBEW als Ergebnis einer bundesdeutschen Arbeitsgruppe mit Naturschutzbehörden und Vogelschutzexperten die verbindliche Anwendungsregel „VDE-AR-N 4210-11 Vogelschutz an Mittelspannungsfreileitungen". Bis Mitte 2018 wurden über 170.000 Masten in Bayern gesichert. In Abb. 91 ist deutlich zu erkennen, dass ab 2018 kaum noch tote Uhus an diesen Masten dokumentiert werden konnten. Einzelne Opfer gibt es seitdem immer wieder, da Masten mit älteren anerkannten Schutzmaßnahmen „Bestandsschutz" haben und neuere Erkenntnisse in der VDE-Norm noch nicht berücksichtigt sind. Die Energieversorger in Bayern haben sich bereit erklärt, bei den noch auftretenden Todesfällen, die entsprechenden Masten sofort zu entschärfen. Für 2025 war eine Novellierung dieser Anwendungsregel angekündigt.

Die häufig dokumentierten Todesfälle von Uhus an Straßen haben in erster Linie zwei Gründe. Uhus fliegen meist niedrig und auch relativ langsam. Auf der Suche nach Beute, zum Beispiel nach Mäusen, kommen sie immer wieder auch in die Nähe von Straßen. Dort nehmen sie auch überfahrene Tiere auf. Kollisionen mit Autos und LKWs sind die tragische Folge. Damit sind immer Menschen beteiligt, und das Bekanntwerden solcher Unfallopfer ist naheliegend. Schwieriger nachzuweisen sind Todesopfer an Bahnlinien. Häufig werden die Kollisionen vom Zug aus gar nicht wahrgenommen. Eine systematische Kontrolle entlang der Gleisanlage ist aus Sicherheitsgründen meist nicht möglich.

Die gezielte Verfolgung des Uhus, die im vergangenen Jahrhundert in ganz Deutschland fast zu seiner Ausrottung geführt hatte, gehört in unserer heutigen Zeit der Vergangenheit an – eigentlich. Denn noch immer gibt es einzelne Fälle von gezielten Tötungen. Am häufigsten sind Vergiftungen mit Carbuforan, das seit 2007 in der EU verboten ist. Dieses Insektizid wirkt bereits bei Hautkontakt als Nervengift und führt selbst bei geringen Dosen zu lebensbedrohenden Krämpfen. Auch Rodentizide, die als Mäuse- und Rattengift verwendet werden, führen immer wieder zu Todesfällen bei Uhus. Ob diese Rodentizide mit einer falschen Anwendung ausgebracht oder gezielt gegenüber bestimmten Vogelarten eingesetzt werden, lässt sich in der Regel nicht beweisen. Meistens kommen tagaktive Greifvögel zu Tode, vor allem Mäusebussard und Rotmilan, wie die

Abb. 92: An diesem Abspannmasten einer Mittelspannungsleitung ist ein Uhu-Männchen durch Stromschlag zu Tode gekommen. Dieser Masten hat eine Vielzahl an Landemöglichkeiten für den Uhu, bei denen er immer in Kontakt mit zwei stromführenden Leitungen kommt. Der Masten wurde nach dem Todesfall durch den zuständigen Stromversorger entschärft.

Abb. 93: Verschmorte Federn des auf dem abgebildeten Masten aus Abb. 92 getöteten Uhu-Männchens

Abb. 94: Verbrannte Fänge eines flüggen Jungvogels durch Stromschlag an einer Mittelspannungsleitung

Abb. 95: Besonders tragisch: im Straßenverkehr getötetes Uhu-Weibchen mit sehr deutlichem Brutfleck, einem federfreien Fleck an der Brust. Dieses Weibchen hatte in seiner Brutnische sicher ein Gelege, sehr wahrscheinlich bereits sogar mit Jungvögeln. Der Brutplatz des Weibchens konnte nicht zugeordnet werden, die Brutnische war nicht bekannt. Die Brut war dadurch dem Tode geweiht.

Abb. 96: Der Fuchs ist Hauptprädator von Gelegen und Jungen des Uhus.

Beantwortung einer Anfrage an den Bayerischen Landtag (Drs. 18/30439 vom 12.10.2023) bestätigt. Dort sind allein für den Zeitraum 2021–2023 für Bayern 43 vergiftete Greifvögel dokumentiert. Getötet werden aber auch immer wieder Uhus.

Auch an Windkraftanlagen kommen tödliche Unfälle von Uhus vor. Es gibt allerdings sehr wenige belegte Fälle. Untersuchungen haben ergeben, dass Uhus kaum in der Höhe der Rotorblätter von Windkraftanlagen fliegen.[58, 59] Bei neueren Anlagen befindet sich der Aktionsbe-

Abb. 97 und Abb. 98: Ein Fuchs kontrolliert am 09.02.2020 eine Uhu-Nische an der Isar. Auf dem Foto vom 06.05.2020 wird das brütende Uhu-Weibchen vom Männchen gefüttert. Bruterfolg gab es in jenem Jahr nicht. Nachdem die Batterien der Wildkamera leer waren, konnte der Grund für den Brutverlust nicht dokumentiert werden.

Abb. 99: Rabenkrähen und Kolkraben kennen die Brutplätze des Uhus und kontrollieren diese. Dort gibt es immer wieder Nahrung in Form von Beuteresten – und von Uhu-Eiern, wenn das Uhu-Weibchen aufgrund einer Störung das Gelege verlassen musste.

reich der Rotorblätter in Höhen von 80–250 m über dem Grund. Aktuell wird in Brandenburg das größte Windrad der Welt gebaut. Es soll insgesamt 400 m hoch werden. Die 100 m langen Rotorblätter bewegen sich dann in einer Höhe zwischen 200 bis 400 m. Windkraftanlagen werden vom Uhu nicht grundsätzlich gemieden. „Bei Windenergieanlagen mit einer Rotorunterkante von mehr als 80 m über Grund – wie sie in Bayern zunehmend zum Einsatz kommen – ist im Regelfall nicht mehr von einem signifikanten Tötungsrisiko des Uhus aus-

Abb. 100 und Abb. 101: Am 15.02.2013 schnüffelt ein Marder in einer Uhu-Nische am Lech. Nur drei Tage später wird das balzende Uhu-Männchen von der Wildkamera in der selben Nische erfasst.

Als der Baummarder den Schwanz einzog

Es ist der 13.04.2007: Heute bin ich an den Kochelsee gefahren. Mein Ziel ist es, den aktuellen Brutplatz des Uhus endlich zu finden – oder zumindest enger eingrenzen zu können. Der vermutete Brutplatzbereich ist von weitem schlecht einsehbar. Daher habe ich meinen Ansitzplatz ausnahmsweise etwas näher am Brutfelsen in der Nähe eines Wanderweges gewählt. Die Balzzeit ist bereits vorbei, das Uhu-Weibchen müsste eigentlich schon ein paar Wochen auf den Eiern sitzen und brüten. Um eine mögliche Störung durch mein Anpirschen zu reduzieren, habe ich meinen Ansitz schon sehr lange vor der Dämmerung begonnen. Ich hoffe, dass das Uhu-Männchen in der späten Nachmittagssonne entspannt vor sich hindöst oder sogar schläft. Seit zwei Stunden sitze ich in vollständiger Tarnkleidung an einem perfekt getarnten Platz am Waldboden. Seit zwei Stunden also bewege ich mich nicht, selbst mein Atmen ist flach, damit keine deutlichen Körperbewegungen daraus entstehen oder meine ausgeatmete warme Luft an diesem kalten Nachmittag mich verrät. Ich bin umgeben von einem alten Bergwald, der hauptsächlich aus Berg-Ahorn, Fichten und ein paar Tannen besteht. Dieser gibt mir die Sicht auf einen winzig kleinen Fleck der Felswand frei, in dessen Bereich ich die Brutnische vermute. Um 20:30 Uhr zieht sich in der Dämmerung plötzlich direkt vor mir ein lautes Rascheln im letztjährigen Laub den Berghang hinunter. Mist, denke ich mir, diese Störung wird meinen Ansitz wohl zwangsweise erfolglos beenden. Doch dann erkenne ich den Baummarder, der direkt auf mich zuwechselt. Im steilen Hang rutscht er mehr, als dass er läuft oder in typischer Marder-Manier hüpft. Er kommt vor der Uhu-Brutwand direkt auf mich zu. Mein Blick auf den Marder fokussiert, sehe ich gleichzeitig, dass im Hintergrund vom Felsen ein sehr großer Vogel zum Flug startet. Es ist das Uhu-Männchen! Ich bin zum Zerplatzen angespannt und habe das Atmen fast vollständig eingestellt. Der Baummarder läuft und der Uhu fliegt direkt auf mich zu. Drei Meter (!) vor mir treffen sich beide. Der Uhu breitet seine Flügel aus, streckt seine kräftigen Fänge mit den todbringenden Krallen nach vorne aus und knappt dreimal sehr laut mit dem Schnabel. Dieses Schnabel-Knappen hat als Einschüchterung und Warnung volle Wirkung gezeigt. Der Baummarder zieht den Schwanz ein, beschleunigt erheblich und saust einen Meter rechts an mir vorbei. Der Uhu fliegt zwei Meter links an mir vorbei und beendet seinen erfolgreichen Scheinangriff. Eigentlich wollte ich meine Arme schützend vor mein Gesicht halten. Doch Gottseidank bin ich ruhig und regungslos geblieben und der Uhu-Angriff galt nicht mir. Eine Begegnung mit dem Uhu, die nur eine Minute lang gedauert hat, die mir aber mein Leben lang in Erinnerung bleiben wird. Um 20:40 Uhr sehe ich das Uhu-Männchen zu seinem Schlafplatz zurückfliegen, aus dem er seinen Angriffsflug gestartet hatte. Marder sind potenzielle Plünderer von Uhu-Gelegen und Prädatoren von Jungvögeln. Der Angriff des Männchens bestätigt, dass er die Gefahr durch den Baummarder einzuschätzen wusste. Er bestärkt auch meine Vermutung, dass das Weibchen nahe dem Schlafplatz des Männchens brütet. Eine Woche später habe ich aus größerer Entfernung mit dem Spektiv den Brutplatz tatsächlich gefunden. Genau drei Monate nach meinem Ansitz kann ich dann Bruterfolg vermelden: Es sind vier Uhu-Jungen flügge geworden – für alpine Verhältnisse ein einzigartig guter Bruterfolg.

Abb. 102 und Abb. 103: Im Jahr 2014 brütet das Uhu-Weibchen unter einem Felsvorsprung im Bayerischen Wald. Zwei Jahre später kann ein Fuchs dokumentiert werden, der dort seinen Ruheplatz ausgewählt hat.

Abb. 104: Wildschweine vermehren und verbreiten sich seit vielen Jahren sehr gut. Inzwischen sind sie auch im Alpenvorland und sogar in einigen Alpentälern zuhause. Bodenbruten des Uhus sind daher auch durch deren Prädation gefährdet.

zugehen".[5] Diese Erkenntnis ist für die aktuell notwendige und wünschenswerte verstärkte Nutzung von Windenergie wichtig.

Nicht berücksichtigt sind bei der Zusammenstellung der Todesursachen in Abb. 90 und Abb. 91 die Verluste von Gelegen und nicht flüggen Jungvögeln an den Brutplätzen durch Störungen und damit verbundener Prädation.

Störungen und Gefährdungen

Störungen des Uhus sind vielfältig und häufig. Sie treffen ihn in der Regel am Brutplatz, in der störungsempfindlichsten Phase des Uhu-Jahres. Durch Störungen sind vor allem Gelege und noch nicht flügge Jungvögel gefährdet. Ganze Bruten können verloren gehen. Uhus sind am Brutplatz sehr störungsempfindlich. Werden brütende oder Jungvogel hudernde Weibchen aufgescheucht, kommen sie meist erst in der Abenddämmerung zur Brutnische zurück. Dies ist in der kalten Jahreszeit, besonders im Februar bis April sehr kritisch. Bei Minusgraden können Eier schnell durchfrieren und Jungvögel verklammen. Hinzu kommt die große Gefahr einer Prädation durch Eier- oder Fleischfresser bei der erzwungenen Abwesenheit der Altvögel. Der omnipräsente Fuchs ist der Hauptprädator für Uhu-Eier und Uhu-Jungvögel. Hinzu kommen vor allem Stein- und Baummarder, Waschbär, Dachs, Wildschwein und Rabenkrähe. Ein brütendes oder Junge huderndes Uhu-Weibchen kann in der Brutnische einen Fuchs meist erfolgreich abwehren. Muss das Weibchen aufgrund einer Störung die Brutnische verlassen, sind Eier und Jungvögel einer möglichen Prädation schutzlos ausgeliefert. Selbst eine Störung des Männchens am Tageseinstand kann für die Brut gravierende Auswirkung haben, wenn es den Brutplatz mit dem Weibchen und dem Gelege oder den Jungen nicht mehr beschützen kann.

Daher gilt es, Störungen am Brutplatz während der Brutzeit im Umkreis von einem 300 m großen Radius zu vermeiden. Bereits während der Herbstbalz und Frühjahrsbalz können massive Störungen zur Folge haben, dass der Brutplatz für eine mögliche nachfolgende Brut vom Uhu-Paar gemieden wird. Von all dem wird ein oberflächlicher Betrachter nichts mitbekommen. Solche Folgeerscheinungen von Störungen sind kaum dokumentierbar.

Besonders häufig können gravierende Störungen durch Abbau von Rohstoffen, durch Kletterei und durch Waldbewirtschaftung entstehen. Nimmt man als Grundlage die dokumentierten Bruthabitate von 877 Uhu-Brutpaaren, so können an 42 % der Brutplätze in Bayern Störungen durch oder in Folge des Abbaus

von Rohstoffen, an 39 % durch Kletterei und an 14 % durch Waldbewirtschaftung entstehen (vgl. Kap. Gelege). Diese drei Störungspotenziale gilt es folglich besonders darzustellen, Schutzmaßnahmen dafür zu erstellen und diese dann umzusetzen. Dabei ist zu berücksichtigen, dass die meisten Bodenbruten entlang der Steilhänge von dealpinen Flussläufen als solche noch nicht dokumentiert und daher auch noch nicht berücksichtigt sind. Mögliche Störungen dieser Bodenbruten durch Waldbewirtschaftung sind folglich noch deutlich unterrepräsentiert. Darüber hinaus können Freizeitnutzungen in unterschiedlichsten Formen und die Ausübung der Jagd erhebliche Störungen verursachen.

Abbau von Rohstoffen

In Abbaustellen befinden sich nach aktuellem Kenntnisstand 42 % der bayerischen Uhu-Brutplätze. Von diesen Brutplätzen in Abbaustellen sind in erster Linie Steinbrüche (77 %) und in zweiter Linie Kiesgruben (10 %) und Sandgruben (9 %) relevant. Wie bereits erwähnt, haben Uhus sich Abbaustellen als Brutplatz ausgesucht, nachdem diese schon in Betrieb waren. Die Vögel waren folglich von Anfang an mit dem Abbaubetrieb konfrontiert und konnten lernen, damit klarzukommen. Solange der Bereich unmittelbar um den Brutplatz vom Abbau verschont bleibt, ist ein störungsfreier Brutablauf möglich. Es ist sogar so, dass die meist vorhandene Einzäunung des Abbaugebiets menschliche Störungen verhindert und die Gefahr einer möglichen Prädation reduziert. In der Abbaustelle wird mit Bagger, Radlader, Muldenkipper gearbeitet. Diese Maschinen werden vom Uhu, wie auch von vielen anderen Wildtieren, nicht automatisch als Gefahr erkannt, weil der Mensch darin nach außen nicht sichtbar in Erscheinung tritt. Problematisch für die Brut wird es, sobald ein Mensch sich zu Fuß und für den Uhu sicht- oder hörbar dem Brutplatz nähern würde. Ist also alles gut am Uhu-Brutplatz im Steinbruch, der Kiesgrube oder der Sandgrube? Nein, das ist es leider nicht. Die Brutplätze des Uhus sind dort immer vom fortschreitenden Abbau gefährdet. Sie sind nur dann dauerhaft geschützt, wenn sie in bereits abgebauten, renaturierten oder der Sukzession überlassenen Bereichen liegen. Häufig gibt es für den Rohstoff-Abbau teilweise Jahrzehnte alte Rekultivierungspläne und -genehmigungen. In der Regel sehen diese nach dem Ende des Abbaus eine Verfüllung des Geländes vor. Dies bedeutet zwangläufig die Zerstörung des Brutplatzes und die unmittelbare Gefährdung des Uhu-Reviers.

Abb. 105: Abbaustellen wie dieser Steinbruch im Bayerischen Wald sind als Brutplatz für den Uhu bestens geeignet.

Kletterei

Die Gefahr ist sehr groß, dass brütende Uhus an Felswänden durch Kletterei erheblich gestört werden. 39 % der dokumentierten Brutplätze des Uhus in Bayern befinden sich an Orten, an denen auch geklettert wird. Es sind die am zweithäufigsten dokumentierten Brutplätze. Dabei sind nicht nur traditionelle Felswände betroffen, die in den verschiedensten Kletterführern und in den Internetforen von DAV und IG Klettern beschrieben sind. Auch das Bouldern an kleinen und kleinsten Felsen ist problematisch, da sich auch dort häufig Brutnischen befinden oder sie potenziell sehr gut dafür geeignet sind. Diese Plätze sind bislang noch nicht systematisch dokumentiert. Der Klettersport boomt. Durch den Bewegungsdrang des Menschen und den Wunsch nach Naturgenuss werden Kletterfelsen förmlich überrannt. Nach Aussage des DAV gab es 2023 mehr als eine Million Kletterer, 1990 waren es noch 70.000 Aktive. Auf seiner Internetseite gibt der DAV an, dass er mit 700.000 Kletterern und 165.000 Boulderern rechnet, die ihren Sport außerhalb von Kletter- und Boulderanlagen auch an natürlichen Felsen betreiben, also in der freien Natur.[21] Durch die hohe Mobilität des Menschen gibt es heute die Möglichkeit, jedes Klettergebiet in Bayern innerhalb eines Tages zu erreichen und zu beklettern: das gesamte Jahr über – Tag und Nacht. Selbst die in den Bayerischen Alpen brütenden Uhus sind vor massiven Störungen durch die Kletterei nicht geschützt, da sie in den untersten Felsbereichen der Tallagen brüten und die dortigen Felsen ganzjährig von den Kletterern gut er-

Abb. 106: Felswände wie diese sind nicht nur für den Uhu attraktiv, sondern auch bei Kletterern begehrt, das ganze Jahr über erreichbar und bei Tag und Nacht zu beklettern. Hier bedarf es zwangsläufig einer Regelung zum Uhu-Schutz.

Abb. 107: Es gibt kaum Felsbereiche – seien sie auch noch so klein – wo nicht gebouldert wird. Hier besteht keine Chance für eine Brut des Uhus.

reichbar sind. Inzwischen ist es sogar üblich, auch nachts mit Stirnlampen zu klettern oder in senkrechten Felswänden in dort aufgehängten Biwaksäcken zu übernachten. Das hat zur Konsequenz, dass die Eule auch noch in ihrer nächtlichen Aktivität, zum Beispiel beim Nahrungserwerb, gestört wird.

Waldbewirtschaftung

Wie bereits erwähnt, sind Bodenbrutplätze des Uhus, vor allem in den Tälern der dealpinen Flussläufe, häufig noch nicht dokumentiert. Daher müssen 14 % Bodenbruten und damit verbundene mögliche Störungen durch Waldbewirtschaftungsmaßnahmen sicherlich

Abb. 108: In den Alpen liegen die Brutplätze des Uhus nur in den untersten Felsbereichen der Tallagen. Diese sind für Kletterer ganzjährig und zu jeder Tageszeit leicht erreichbar.

Abb. 109: Holzeinschlag am 24. März 2007 wenige Meter oberhalb einer besetzten Brutnische mit der Folge eines Brutabbruches

deutlich höher angesetzt werden. Im Rahmen der ordnungsgemäßen Waldbewirtschaftung wird der Holzeinschlag gewöhnlich im Winterhalbjahr durchgeführt. Damit wird auf die Vogelbrutzeit der meisten Arten, im Zeitraum von April bis Juli, Rücksicht genommen. Problematisch kann dieser Holzeinschlag speziell in Uhu-Revieren werden, weil dort bereits im Februar gebrütet werden kann oder im März gar schon frisch geschlüpfte Jungvögel vorhanden sind. Die Gefahr von Brutaufgaben ist groß, insbesondere dann, wenn es sich um größere Hiebmaßnahmen handelt, die mehrere Tage oder gar Wochen dauern. Selbst Einzelbaumentnahmen können problematisch sein, vor allem wenn sie in unmittelbarer Nähe des besetzten Brutplatzes stattfinden. Hinzu kommt die gesetzliche Verpflichtung des Waldbesitzers, seinen Wald auf Borkenkäferbefall zu kontrollieren und gegebenenfalls diesen zu bekämpfen.

„Die Schutzfähigkeit, Gesundheit und Leistungsfähigkeit des Waldes ist dauerhaft zu sichern und zu stärken." So steht es in Artikel 1, Absatz. 2, Satz 3 des Bayerischen Waldgesetzes (BayWaldG).[12] Daher sind Waldbesitzer zur Borkenkäferbekämpfung verpflichtet. Zur Erhaltung eines gesunden Waldes ist diese Maßnahme notwendig. Die einzelnen Bezirksregierungen haben in gemeinsamen Bekanntmachungen in ihren jeweiligen Amtsblättern die notwendigen Maßnahmen einheitlich präzisiert. Diese Bekanntmachungen sind im Detail dem Borkenkäferinfoportal der Bayerischen Landesanstalt für Wald und Forstwirtschaft zu entnehmen.[4] In definierten Gefährdungs- und Befallsgebieten sind die Wälder auf Befall von Buchdrucker und Kupferstecher im Sinne einer rechtzeitigen Bekämpfung regelmäßig zu kontrollieren. Dazu ist im Zeitraum 1.10. – 31.3. mindestens eine Begehung notwendig und im Zeitraum 1.4. – 30.9. sind es fünf Begehungen

Abb. 110: Bei der Fällung dieser Esche am 22. Februar 2019 wurde durch die herabfallende Baumkrone ein Uhu-Gelege zerstört.

Abb. 111: Waldarbeiten mit Wegebau am 6. Januar 2018 50 m unterhalb einer noch nicht besetzten Brutnische

Abb. 112: Baumfällungen an einem Steilhang am Lech mit fatalen Folgen für den Uhu: Der einzigen vorhandenen und regelmäßig besetzten Uhu-Brutnische (etwas links oberhalb der Bildmitte) wurde der Schutz durch die Baumkronendeckung genommen – ein massiver Eingriff am Brutplatz des Uhus. Doch es hatte weitere negative Folgen: Durch die Freistellung des Waldbodens ergab sich in den Folgejahren ein massiver Bewuchs mit Brombeer-Dickicht, der den Brutplatz des Uhus dauerhaft zerstörte und das Uhu-Revier auflöste.

Abb. 113: Dieser Geocache befand sich an einem Steilhang des Lechs – in 10 m Höhe in einer Buche und 20 m entfernt von einem Uhu-Brutplatz. Auf Veranlassung musste dieser Cache zum Schutz der Uhu-Bruten entfernt werden. Der Cache-Platz ist jedoch weiterhin auf vielen Handys abgespeichert und wird demzufolge noch längere Zeit aufgesucht – mit noch größeren Suchaktionen und damit einhergehenden Störungen als zuvor.

Abb. 114: Ein idyllisches Bild und Naturgenuss pur: Dieser Waldweg mündet in einen beliebten Biker-Trail an einem Steilhang am Lech – in nächster Nähe des Uhu-Brutplatzes.

im Abstand von jeweils vier Wochen. Besonders im Zeitraum Januar bis Juli kollidiert diese Verpflichtung in Uhu-Revieren mit dem Schutz der Bruten.

Freizeitnutzung

Es gibt eine Vielzahl an Störungen durch Freizeitnutzung des Menschen an den Brutplätzen des Uhus. Besonders betroffen sind Bodenbruten. Die Abb. 113 bis 116 sollen diese Störungen visualisieren.

Das Geocaching ist so eine Freizeitaktivität. Hier geht es darum, einen in der Landschaft versteckten Behälter zu finden, der ein Logbuch und kleine Tauschgegenstände beinhaltet. Mit unterschiedlichen Schwierigkeitsgraden und Varianten gibt es häufig große Herausforderungen an die Suche. Beliebt ist es, die Caches auch auf Bäumen und an Felsen abseits von Wegen zu verstecken. In den Verbreitungsgebieten des Uhus können gravierende Störungen damit verbunden sein. Im Frankenjura sind die Hälfte der Uhu-Reviere potenziell davon betroffen.

Fahrradfahren in der Natur ist sehr beliebt, gesund und wird zurecht in der Gesellschaft gefördert – eine herrliche Möglichkeit der Freizeitnutzung. Leider gibt es auch immer mehr illegal angelegte Strecken in Steilhanglagen mitten durch den Wald, um den boomenden Downhill-Radsport auszuführen. Damit gibt es immer wieder Strecken in unmittelbarer Nähe von Uhu-Brutnischen – teilweise sogar mit gebauten Hindernissen, um die Abfahrt noch attraktiver zu machen – mit den damit zwangsweise verbundenen Störungen.

Jagd

Auch durch eine ordnungsgemäß ausgeführte Jagd können erhebliche Störungen am Uhu-Brutplatz entstehen. Besonders kritisch sind Jagdeinrichtungen zu sehen, die im Umkreis von 300 m um eine Brutnische stehen. Zur Brutzeit ist nicht nur die menschliche Anwesenheit des Jagdausübenden (teilweise mit Jagdhund) in diesem Bereich problematisch. Ein plötzlicher Schuss kann den Uhu so erschrecken, dass er sich aus der Brutnische stürzt und dabei versehentlich auch noch ein Uhu-Ei oder einen kleinen Jungvogel mitreißt. Bei einem Jagderfolg gilt es dann für den Jagdausübenden, die Beute zu bergen, möglicherweise mitten im Steilhang.

Abb. 115: Dieser Platz sieht harmlos aus: Naturgenuss mit Lagerfeuer-Romantik in der Abenddämmerung und mit herrlichem Ausblick. Diese Feuerstelle befindet sich wenige Meter oberhalb der Uhu-Nische. Ihre abendliche und nächtliche Nutzung stellt eine erhebliche Gefährdung eines möglichen Bruterfolgs des Uhus dar.

Abb. 116: Jagdeinrichtung an einem problematischen Standort: Die Uhu-Brutnische befindet sich im Steilhang in Sichtweite.

Schutzmaßnahmen

Der Brutbestand des Uhus in Bayern ist derzeit nicht gefährdet – ein Erfolg für den Artenschutz in Bayern und sogar in ganz Deutschland. Trotzdem ist es wichtig, erfolgreich durchgeführte Schutzmaßnahmen fortzuführen. Würde man die Bemühungen um den Schutz des Uhus in Abbaugebieten, vor allem in Steinbrüchen, Kiesgruben und Sandgruben, einstellen, so würden bis zu 42 % der bayerischen Brutplätze durch Verfüllung im Rahmen der Umsetzung von Rekultivierungsplänen verloren gehen. Würde man dem Klettersport in den Felsgebieten Bayerns freien Lauf lassen, so wären die Bruten von bis zu 39 % der Uhus gefährdet, die in Felsen brüten. Und würde man auf die Rücksichtnahme von Waldbesitzern bei ihren Waldbaumaßnahmen verzichten, so wären mindestens weitere 14 % (Boden-Bruten) in Bayern gefährdet. Ein Einstellen von Schutzmaßnahmen in diesen drei Lebensräumen könnte folglich bis zu 96 % der bayerischen Uhu-Bruten gefährden. Wie bereits erwähnt, würde man die Konsequenzen der Einstellung von Schutzmaßnahmen durch die hohe Lebenserwartung des Uhus nicht von einem auf das andere Jahr erkennen. Es wäre ein schleichender Prozess, der sich sicherlich über 20 Jahre hinzieht. Es würde so lange dauern, bis die Altvögel sterben und kein Nachwuchs zur Verfügung steht, der die Plätze einnehmen könnte. Deshalb ist eine Fortführung, ja sogar Intensivierung der Schutzmaßnahmen, vor allem in den Abbaugebieten, Klettergebieten und Wäldern Bayerns, angesagt.

Doch was ist das Ziel des Uhu-Schutzes? Sind wir denn nicht schon am Ziel angelangt: Der Uhu ist nicht mehr gefährdet? Wir wollen erreichen, dass die größte Eule der Welt weiterhin in Bayern zuhause ist. Wie können wir das erreichen und gewährleisten? Es ist wichtig, ein konkretes Schutzziel zu formulieren, dessen Status jederzeit überprüft werden kann: Wir wollen eine überlebensfähige Population des Uhus in Bayern erhalten.

Schutzziel Uhu in Bayern:
Aufbau und Erhaltung der bayerischen Uhu-Population, die sich selbst erhalten kann, mit einem dazu notwendigen durchschnittlichen Bruterfolg von 0,68 flüggen Jungvögeln pro besetztem Revier und Jahr.

Die Erkenntnis dieses notwendigen Bruterfolgs ist das Ergebnis des 24-jährigen, landesweiten Artenhilfsprogramms des Landesamts für Umwelt für den Uhu in Bayern.

Um diesen Bruterfolg erreichen zu können, sind folgende Maßnahmen in den Uhu-Revieren erforderlich:

1. Das Revierpaar nachweisen, Männchen und auch Weibchen zumindest einmal rufen hören.
2. Den Bruterfolg messen und dokumentieren, wie viele Jungvögel flügge werden.
3. Konflikte und Probleme an den Brutplätzen erkennen und dokumentieren.
4. Zielorientierte Maßnahmen zum Schutz des Uhus und seiner Bruten durchführen.

Nur über diese vollständige und inhaltlich umfassende Arbeit am Uhu lässt sich seine Rückkehr in Bayern dauerhaft gewährleisten.

Der Uhu-Schutz umfasst den Schutz seines gesamten Lebensraums, der *home range*, in der er sich über das gesamte Jahr hinweg bewegt, und er umfasst vor allem den Brutplatz, insbesondere während der Fortpflanzungsphase.

Lebensraumschutz

Damit ein Uhu an einem Ort gut leben kann und sich dort wohl fühlt, ist das Entscheidende die Ausstattung dieses potenziellen Lebensraumes. Findet der Uhu keinen geeigneten Lebensraum, wird er bestenfalls vorübergehend anwesend sein, aber nicht brüten. Findet er jedoch einen passenden Lebensraum und ist dieser noch nicht von einem Uhu belegt, dann ist er sehr standorttreu und bleibt das gesamte Jahr in seinem Revier. Der Uhu benötigt strukturreiche Landschaften mit ganzjährig guter Nahrungsverfügbarkeit und -erreichbarkeit. Lichte Wälder mit einem hohen Altholzbestand und abwechslungsreiche Heckenstrukturen sind wichtige Elemente. In Offenlandschaften mit extensiver Grünlandbewirtschaftung gibt es ein erhöhtes Nahrungsangebot. Felsen und Steilhänge sind wichtig. Diese sind als Sekundärhabitat auch in Abbaugebieten zu finden. Wenn dann noch Gewässer verschiedenster Ausformung vorhanden sind, ist ein idealer Uhu-Lebensraum schon fast geschaffen. Solche Strukturen sollten unbedingt geschützt und, wo sie bereits verschwunden sind, wieder hergestellt werden. Dafür wurde eine Vielzahl an Möglichkeiten zum Schutz dieser vielfältigen Landschaftsstrukturen entwickelt. Eine davon ist das Bayerische Vertragsnaturschutzprogramm Wald,[11] das verschiedene hilfreiche Maßnahmen zum Schutz des Uhus anbietet. Hier eine Auswahl:

- Nutzungsverzicht mit einer Zweckbindungsfrist von 12 Jahren im Umgriff von Horststandorten besonders störungsempfindlicher Vogelarten.
  - Dies ist sicherlich eine der besten Maßnahmen zur Beruhigung des Brutplatzes.
- Schaffung lichter Waldstrukturen unter vollständigem Nutzungsverzicht mit einer Zweckbindungsfrist von 5 Jahren durch Beseitigung von Gehölzen gemäß naturschutzfachlichem Konzept.
  - eine gute Maßnahme, um einer Entwertung der Brutplatz-Umgebung durch Aufwuchs und Verbuschung entgegenzuwirken
- Erhalt von Altholzinseln mit einer Zweckbindungsfrist von 12 Jahren im Umgriff des Brutplatzes
  - Auch diese Maßnahme ermöglicht, wichtige Altholzstrukturen zu erhalten und dem Uhu gute Durchflugmöglichkeiten zu gewähren.

Darüber hinaus gibt es über das Vertragsnaturschutzprogramm auch die Fördermöglichkeit von Maßnahmen zu einer zielführenden Extensivierung im für den Uhu wichtigen Offenland, vor allem von Wiesen und Äckern, aber auch Weiden und Teichen.[8] In den Uhu-Revieren ermöglichen all diese angebotenen Fördermaßnahmen eine stufenweise Verbesserung der Strukturvielfalt.

Weiter gibt es die Möglichkeit einer Förderung von Maßnahmen des Natur- und Artenschutzes über die Landschaftspflege- und Naturpark-Richtlinie (LNPR).[10] Dort werden vor allem investive Maßnahmen zum Erhalt und zur Verbesserung, Entwicklung und Neuschaffung von ökologisch wertvollen Lebensräumen und zum Aufbau eines europäischen und landesweiten Biotopverbundsystems gefördert.

All dies sind Maßnahmen, die in einem Uhu-Revier zielführend sind, vereinfacht gesehen in einem Umkreis von bis zu 10 km um den Uhu-Brutplatz, konzentriert vor allem aber im Umfeld von 3 km um den Brutplatz.

Brutplatzschutz

Der Schutz des Lebensraums ist grundlegend wichtig. Er umfasst selbstverständlich auch den Schutz des Brutplatzes. Jedoch gilt es, den Brutplatz und sein unmittelbares Umfeld zusätzlich und besonders sensibel zu schützen. Durch die ganzjährige Anwesenheit des Uhus am Brutplatz und seine besonders ausgeprägte Störungsempfindlichkeit in der Brutzeit ist dies kein leichtes Unterfangen. Hier sind beste Kenntnisse der Art und der Örtlichkeit Voraussetzung. Im Umkreis von 300 m ist der Uhu an seinem Brutplatz besonders störungsempfindlich. Ein Kreis mit einem Radius von 300 m ist daher als Brutplatz-Schutzzone zielführend. In den meisten Fällen ist der exakte Standort der Brutnische nicht bekannt. Hinzu kommt, dass Uhus, insbesondere bodenbrütende Uhus, zwangsweise immer wieder die tatsächliche Brutnische wechseln müssen. Häufig ist durch aufwachsende Vegetation der freie An- und Abflug nicht mehr gewährleistet. Immer wieder ist ein Ast abgebrochen oder ein Stein aus dem Felsen herausgebrochen und kommt in der Nische zum Liegen, sodass sie nicht mehr benutzt werden kann. Nachdem es einen Angriff eines Prädators gab, wechselt der Uhu mit dieser negativen Erfahrung in der darauffolgenden Brutsaison oft an einen vermeintlich sichereren Brutplatz. Auch menschliche Störungen veranlassen den Uhu zu einem Brutplatzwechsel. Diese tatsächlich vorhandenen Wechselnischen müssen in die Brutplatz-Schutzzone integriert

Abb. 117: Fiktives Beispiel für eine flächige Abgrenzung eines Uhu-Brutplatzes anhand der Ansprüche des Uhus an seinen Brutplatz und der vorhandenen Topografie mit einer Fläche von ca. 2 ha. Eine technisch geometrische Abgrenzung mit einem Kreisradius von 300 m ergäbe eine Fläche von fast 3 ha.

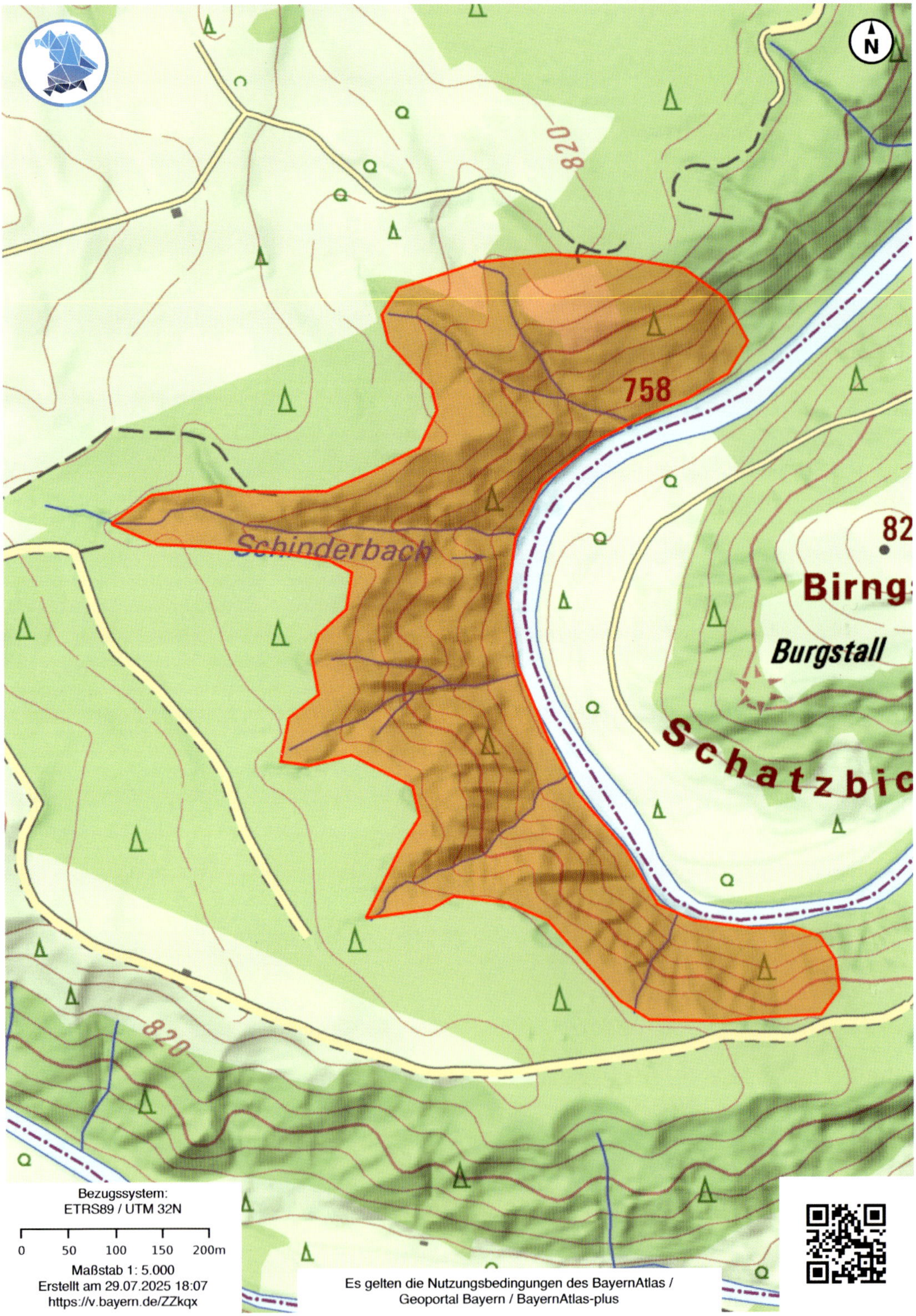

werden. Sie gehören zum Brutplatz dazu. Sind diese möglichen Wechselnischen nicht bekannt, können sie außerhalb der störungsempfindlichen Brutzeit im Rahmen von Hangbegehungen kartiert werden. Im Bereich von Fluss-Mäandern gilt in der Regel der gesamte Prallhang als Brutplatz. Bereiche der 300-m-Schutzzone, die am gegenüberliegenden Flussufer oder am Plateau oberhalb des Steilhangs liegen, können in der Regel jedoch ausgespart werden. Brutplätze des Uhus müssen daher als Flächen betrachtet und behandelt werden, anders als dies z. B. bei Weißstorch-Horsten auf Kirchtürmen der Fall ist.

Brutplatzschutz in Abbaugebieten

Der Brutplatzschutz in Abbaugebieten sollte erste Priorität haben. Dort sind 42 % aller Uhu-Brutplätze in Bayern erfasst. Im größten Teil dieser Gebiete findet aktuell Abbau statt. In Steinbrüchen, Kiesgruben und Sandgruben geht es vor allem darum, die Brutnischen vor dem Abbau zu schützen. Ist dies im laufenden Abbaubetrieb nicht möglich, sollte vor der Zerstörung der Nische an einem beruhigten (bereits abgebauten oder nicht zum Abbau vorgesehenen) Bereich ein alternativer Brutplatz vorhanden sein oder angeboten werden, den der Uhu bereits angenommen hat oder sehr sicher annehmen wird. Eine geeignete Brutnische sollte im Idealfall nicht größer sein als ca. 2 m breit, 1 m tief und 1 m hoch und möglichst ein Dach als Regenschutz haben. Ist keine alternative Brutmöglichkeit vorhanden, kann der Abbaubetreiber mit einem Bagger in einem Steilwandbereich an geeigneter Stelle meist ohne größeren Aufwand eine solche Öffnung als Brut-Nische bauen, d. h. ausbaggern und somit aktiv praktizierten Artenschutz betreiben. Unbedingt sollte sich in der Nähe dieser Ausweichnische ein möglicher Tageseinstand für das Männchen befinden. Ein Fichten-Altholzbestand ist hierfür besonders geeignet. Besonders kritisch wird es, wenn nach erfolgtem Abbau eine bereits genehmigte Rekultivierungsplanung eine Verfüllung der Abbaustelle vorsieht. In solchen Fällen sollte geprüft werden, ob in der Genehmigungsplanung vorgesehen ist, dass insbesondere bei neuerem Kenntnisstand im Artenschutz von der Genehmigungsplanung abgewichen werden und somit die Brutwand erhalten werden kann.

Der sogenannte „Steinbruchpakt“ wurde 2009 in Unterfranken ins Leben gerufen. Er dient der Umsetzung von notwendigen Schutzmaßnahmen mit Unterstützung und Kooperation der betroffenen Abbaubetreiber. Vorbild war damals das sehr erfolgreiche Kooperationsprojekt zum Schutz des stark bedrohten Apollofalters, einer der größten heimischen Tagfalterarten. Ab 2013 wurde die Kooperation mit Abbaustätten in den Landkreisen Neumarkt und Amberg-Sulzbach erweitert. Teilweise gibt es schriftliche Kooperationsverträge zum Schutz des Uhus, teilweise aber auch „nur“ den guten und vertrauensvollen Kontakt zu den Betreibern.[28] Der Steinbruchpakt stellt eine gute und dringend notwendige Möglichkeit dar, mit den Abbaubetreibern ins Gespräch zu kommen und mit ihnen gemeinsam den Schutz des Uhus in diesen Gebieten zu verbessern.

Brutplatzschutz an Kletterfelsen

Das Klettern ist eine wunderschöne und gesunde Möglichkeit, in der freien Natur Sport zu treiben. Kletterer sollten sich während der Planung einer Klettertour informieren, ob an der geplanten Kletterroute naturschutzfachliche Einschränkungen vorhanden sind. Liegt die Kletterroute in einem Schutzgebiet und gibt es zu diesem Gebiet eine Verordnung, die Einschränkungen oder Verbote beinhaltet? Gibt es Hinweise in den bekannten Kletterforen wie DAV-Felsinfo[20] oder IG Klettern?[33]

Sowohl im Mittelgebirge als auch im alpinen Bereich gibt es eine Vielzahl an freiwilligen Klettervereinbarungen. Diese Vereinbarungen fußen auf einer guten und vertrauensvollen Zusammenarbeit von amtlichem Naturschutz, Naturschutzverbänden und Kletterverbänden. Diese kooperativen, gemeinsam entwickelten und umgesetzten Lenkungsmaßnahmen, die auf eine freiwillige Selbstbeschränkung der Kletterer setzen, haben sich seit vielen Jahren bewährt. Das strikte Einhalten der Regelungen in diesen Vereinbarungen ist Voraussetzung für eine dauerhafte Zusammenarbeit von Naturschutz und dem Klettersport. Häufig ist es zielführend, durch zeitliche, räumliche und inhaltliche Beschränkungen eine Kletterei an Uhu-Brutplätzen zu ermöglichen. Dies setzt voraus, dass das Brutgeschehen jährlich immer wieder neu beobachtet, dokumentiert und kommuniziert wird. Dieser hohe Betreuungsaufwand stößt häufig auf Kapazitätsgrenzen bei Naturschutzbehörden, Naturschutzverbänden und vor allem bei den ehrenamtlichen Mitarbeitern von Behörden und Verbänden. Auf die Dauer gesehen erscheint dies kaum möglich. Daher sollte in solchen Fällen an langjährig traditionell besetzten Uhu-Brutplätzen geprüft werden, ob ganze Felsen oder Felskomplexe für das Klettern förmlich und offiziell gesperrt werden können. Dafür könnten andere Felsen oder Felskomplexe vollständig geöffnet werden.

Anders als der Wanderfalke, der als Luftjäger in den oberen Stockwerken der Felsen brütet, benötigt der Uhu die untersten, talnahen Felsen in den Alpen als Brutplatz. Dabei geht es auch um kleinste Felsbereiche, an denen häufig gebouldert wird. Solche Bereiche sollten in der störungsempfindlichsten Zeit freiwillig gemieden werden. Und wenn bei einer Klettertour ein Brutplatz eines Uhus oder auch von Wanderfalke, Turmfalke, Waldkauz, Kolkrabe, Alpendohle, Mauerläufer entdeckt wird: Eine Meldung an die zuständige Naturschutzbehörde schafft ein Vielfaches an Vertrauen und entschädigt damit langfristig gesehen sicherlich für eine mögliche vorübergehende Einschränkung des Kletterns.

Brutplatzschutz am Waldboden

Waldbesitzer, Waldarbeiter, Forstleute gehören zu der Menschengruppe, die am wahrscheinlichsten bei ihrer Tätigkeit im Wald auf Uhu-Brutplätze stoßen. Da Waldarbeiten vor allem im Winterhalbjahr stattfinden, sind in Uhu-Revieren gerade im brutrelevanten Zeitraum Januar bis Juli auch gravierende Störungen zu erwarten. Es gibt Möglichkeiten, trotz der erforderlichen Waldbewirtschaftung die Gefahr von Brutaufgaben zu reduzieren.

Bayern hat nach der Bundeswaldinventur von 2022 eine Waldfläche von 2,617 Millionen ha.[3] Geht man, vereinfacht gerechnet, von einem Horstschutzradius von 300 m rund um eine besetzte Brutnische aus und nimmt man als Grundlage die 120 dokumentierten Bodenbruten in Bayern, wären ca. 360 ha Wald grund-

Abb. 118: In einer gemeinsamen Aktion von DAV, IG Klettern und Naturschutzbehörde angebracht: zwei Schilder an einem Felsabschnitt, die besagen, dass ab dieser Stelle nach links nicht geklettert werden darf: eine Beschilderung, die jeder Kletterer kennt und akzeptiert.

Abb. 119: Unauffällig, aber eindeutig: DAV, Bergwacht, Landratsamt und LfU haben in einer gemeinsamen freiwilligen Aktion den Zuweg zu einem Kletterfelsen gesperrt, an dem der Uhu brütet.

sätzlich betroffen. Das sind 0,1 Promille der gesamten bayerischen Waldfläche. Diese Überschlagsrechnung setzt voraus, dass jedes Jahr alle aktuell besetzten Brutnischen am Waldboden bekannt sind und es keine Wechselnischen gibt. Sie macht trotzdem die geringe Betroffenheit der Waldfläche bei der gleichzeitig hohen Bedeutung für den Schutz des Uhus deutlich.

Es gibt eine Vielzahl an Empfehlungen für diese relevanten Waldgebiete, wie sich im Rahmen der Waldbewirtschaftung die Gefahr von Brutaufgaben des Uhus vermeiden lässt. Die wichtigsten werden anschließend genannt.

Die Zeit von August bis Dezember kann als störungsarm eingestuft werden. Ideal wäre es, den Holzeinschlag vor allem in den Monaten November und Dezember durchzuführen. Doch auch in der störungsempfindlichen Zeit des Uhus von Balz, Brut und Jungenaufzucht (Januar bis Juli) gibt es Möglichkeiten, die Gefahr von Brutaufgaben bei zwingend notwendigen Waldarbeiten zu reduzieren.

Die brütenden oder Jungvogel hudernden Uhu-Weibchen kehren nach einer Störung meist erst in der Dämmerung zur Brutnische zurück. In der Zwischenzeit sind die Eier oder die Jungvögel schutzlos der Kälte oder auch Prädatoren wie Fuchs und Rabenkrähe ausgeliefert. Daher sollten keine Waldarbeiten in der Nähe von besetzten Brutnischen bei kalten Temperaturen unter 10° C, bei Regen und/oder bei starkem (kaltem) Wind durchgeführt werden. Waldarbeiten am Nachmittag sind günstiger, da die Zeit der störungsbedingten Abwesenheit des Weibchens bis zur Abenddämmerung kürzer ist und damit die Gefahr für Eier und Jungvögel geringer. Wenn gefällte Bäume anschließend gleich aus dem Hangbereich entfernt werden und erst in einer Entfernung von ca. 300 m (je nach Geländesituation) zur Hangoberkante oder -unterkante aufgearbeitet werden, ist diese einmalige und relativ kurze Störung weniger problematisch als eine mehrmalige und oder längere Störung. Eine Holzaufarbeitung hinter der Hangoberkante ist unproblematischer, weil der brütende Uhu diese weniger wahrnimmt als eine Aufarbeitung unterhalb des Hanges.

Zur verpflichtenden Bekämpfung des Borkenkäfers könnte die erste einmalige Begehung im Sinne des Uhu-Schutzes vom 1.10.–31.12. durchgeführt werden und die notwendigen weiteren Begehungen zum möglichst spätesten Zeitpunkt (jeweils zum Ende der Monate April bis Juli), wenn dies aus Sicht des Waldschutzes vertretbar ist. Je später diese weiteren Kontrollen durchgeführt werden, umso größer ist die Wahrscheinlichkeit, dass Gelege und Jungvögel nicht gefährdet werden. Dies gilt vor allem bei frühen Bruten.

Brutplatzschutz im Jagd-Revier

Jagdausübende haben sicherlich die größte Wahrscheinlichkeit, in freier Wildbahn einen Uhu zu hören oder gar zu sehen. Außerhalb der störungsempfindlichsten Zeit von Frühjahrsbalz, Brut und Jungenaufzucht ist die Jagd in Uhu-Revieren problemlos. Auch für die Zeit der Herbstbalz von Oktober bis November (Dezember) wird dies aus pragmatischen Gründen eher unkritisch gesehen.

An bekannten Uhu-Brutplätzen wird empfohlen, grundsätzlich keine Jagdeinrichtungen im Umkreis von ca. 300 m neu aufzustellen. Auf die Benutzung von vorhandenen Jagdeinrichtungen sollte in diesem Umkreis in der störungungsempfindlichsten Zeit verzichtet werden. Unbedingt sollte vermieden werden, direkt auf Steilhänge oder Felsen mit bekannten oder vermuteten Brutplätzen zu schießen. Für den Uhu ist ein plötzlicher Schuss aus nächster Nähe eine enorme akustische Störung, noch mehr, wenn es durch die vorhandene Topografie zu Echo-Effekten kommt. Zusätzlich kommt in solchen Situationen die Störung durch das Bergen des geschossenen Wildes direkt am Steilhang oder Felsen hinzu.

Am ehesten sind Konflikte bei der Jagd auf folgende Tierarten möglich: Fuchs, Schwarzwild, Waschbär und Reh. Die drei erstgenannten Arten sind potenzielle Prädatoren und können im Sinne des Uhu-Schutzes in dessen Revieren verstärkt bejagt werden. Sie haben ganzjährige Jagdzeit in Bayern.[2] Die Jagd auf diese Arten sollte bevorzugt in den Monaten August bis Dezember erfolgen und somit die störungsempfindlichste Zeit des Uhus aussparen. Bei der Rehwild-Bejagung können der Zeitraum Mai bis Juli (Böcke und Schmalrehe) und der Zeitraum 1.–15.1. (Geiße, Kitze, Schmalrehe) problematisch werden. Für die Rehwild-Bejagung sollten Jagdeinrichtungen im Umkreis von 300 m um die Uhu-Brutplätze zur Brutzeit nicht benutzt werden. Die Jagd auf alle anderen jagdbaren Arten dürfte nur im seltenen Einzelfall für den Uhu-Schutz problematisch werden.

Resümee: Miteinander reden!

Jede Situation in den bayerischen Brutgebieten des Uhus ist im Hinblick auf menschliche Nutzungen unterschiedlich zu bewerten. Dies gilt bereits in den verschiedenen bayerischen Verbreitungsgebieten. Ein Konflikt stellt sich z. B. im Südlichen Frankenjura entlang des felsdurchsetzten Altmühltals anders dar als an den Hängen des mittleren Lechtals oder im alpinen Bereich. In den einzelnen Gebieten gibt es meist auf den konkreten Einzelfall bezogene Unterschiede. Daher sollten Konflikte und Probleme möglichst individuell angegangen werden. Außerdem ist es notwendig, dass die beteiligten Parteien miteinander reden und sich austauschen. Am besten erfolgt dieser Austausch im Gelände vor Ort. Im Gespräch lassen sich viele Missverständnisse vermeiden oder beheben und gleichzeitig kann Verständnis füreinander aufgebaut werden.

Umsetzungsbeispiele

Um zu verdeutlichen, wie Uhu-Schutz in der Praxis gut funktionieren kann, werden in diesem Kapitel einige ausgewählte Maßnahmen vorgestellt.

Verein stellt zugewachsene potenzielle Brutnischen frei

An einem Steilhang des Lechs hatte immer wieder ein Uhu-Männchen zwischen zwei bekannten und etablierten Uhu-Revieren gerufen. In diesem Bereich war zu dieser Zeit noch keine Brut bekannt, nicht einmal ein eigenes Uhu-Revier. Eine Begehung des kompletten 1,5 km langen Steilhanges ergab ein eindeutiges Bild: Ein grundsätzlich bestens geeigneter Brutplatz mit vielen potenziell sehr gut geeigneten Brutnischen

Abb. 120: Ein dichter Fichten-Stangenwald wurde vom Verein „Lebensraum Lechtal e.V." in Abstimmung mit Forst- und Naturschutzbehörden auf Empfehlung hin optimal ausgelichtet, um mehrere Brutmöglichkeiten für den Uhu an kleinen Nagelfluhfelsen dezent freizustellen.

Abb. 121: Optimale potenzielle Brutnische im Fichten-Stangenwald am Lech durch Freistellung im unteren Hangbereich

Abb. 122: Auf Empfehlung hin hat die Forstbehörde eine dezente, aber eindeutige Holzbarriere errichtet, um den Weiterweg auf einem Trampelpfad in unmittelbarer Nähe des Uhu-Brutplatzes zu unterbinden. Die Besucher werden nun auf den im Bildvordergrund nach rechts unten gehenden Weg zum Lech-Wanderweg umgeleitet.

Abb. 123: Eindeutige Spuren von Kletteraktivität in einem bisher nicht bekletterten, beruhigten Felskomplex am Uhu-Brutplatz

an kleinen Nagelfluhfelsen war vorhanden. Leider war der gesamte Abschnitt für den Uhu nicht nutzbar. Ein Teil war mit Gebüsch vollständig zugewachsen, der andere Teil war mit einem sehr dichten Fichten-Stangenwald bestockt, den der Uhu nicht durchfliegen konnte. In Abstimmung mit Naturschutzbehörde und Forstbehörde hat der Verein „Lebensraum Lechtal e. V." die gemeinsam ausgewählten und markierten Fichten gefällt. Durch diese sehr zurückhaltende und dezente Freistellung wurde der Hangbereich in seiner Gesamterscheinung nicht verändert, der Uhu erhielt jedoch durch die freigestellten Flugschneisen sehr gute An- und Abflugmöglichkeiten zu den potenziellen Brutnischen.

Forstbehörde lenkt Besucher

Ein illegaler Steig am Hochufer des Lechs wurde von Wanderern intensiv genutzt. Immer häufiger benutzten zuletzt auch Mountainbiker den Steilhang zur Abfahrt. Das hier lebende Uhu-Revierpaar wurde zwangsweise an seinem direkt angrenzenden Brutplatz, am Tageseinstand und am Balzplatz erheblich gestört. Bei einer Begehung dieses Staatswaldbereiches mit der zuständigen Forstbehörde wurde die Problematik besprochen und eine sehr einfache, aber wirkungsvolle Maßnahme zum Uhu-Schutz gemeinsam beschlossen. Mit einer deutlichen und gleichzeitig dezenten Holzbarriere wurde der Steig gesperrt. Gleichzeitig werden nun die Besucher über einen bereits vorhandenen Wanderweg zum Lechufer hinunter geleitet. Die Störungen für den Uhu konnten mit dieser Maßnahme erheblich reduziert werden. Die Wanderer erhielten einen noch attraktiveren Lechweg mit weit geringerem Störungspotential für den Uhu.

Kletterer schützt Brutplatz

Irgendwas war komisch am Uhu-Brutplatz in der Nähe des Kochelsees im Europäischen Vogelschutzgebiet. Zwei Jahre lang konnte am traditionellen Brutplatz keine Brut festgestellt werden, trotz intensiver Beobachtung. Das Revierpaar verhielt sich plötzlich deutlich anders. Die Kontrolle des Uhu-Brutplatzes erfolgt hier (wie auch sonst überall) von den Forstwegen

Abb. 124: In diesem Felsbereich hat der junge Kletterer den (auf diesem Bild nicht sichtbaren) Brutplatz eines Waldkauzes gefunden und geschützt.

aus in störungsfreier Entfernung. Doch nun war ein Kontrollgang direkt am Wandfuß des Felskomplexes angesagt, um einen Hinweis für den Grund dieser Veränderung zu erhalten. Bei dieser Begehung an einem sonnigwarmen Ostersonntag war dann die Überraschung perfekt. Nicht nur der Felsbereich, der schon immer beklettert wurde, war voll von Kletterern aus dutzenden Seilschaften. Auch im gesamten bisher nicht bekletterten, beruhigten Bereich waren neue Kletteraktivitäten vorhanden. Wie es sich später herausstellte, hatte ein junger Kletterer 12 neue Kletterrouten erschlossen, eine davon direkt über die bekannte Uhu-Brutnische hinweg. Der Kletterer konnte rasch ausfindig gemacht werden. Er zeigte sich deutlich betroffen und war sich dessen nicht bewusst, dass er eine Störung am Uhu-Brutplatz verursacht hatte. Er wurde von der zuständigen Naturschutzbehörde dazu verpflichtet, diese neuen Kletterrouten zurückzubauen, was er auch tatsächlich sehr schnell tat. Wenige Wochen später erhielt ich an der Vogelschutzwarte einen Anruf dieses Kletterers. Er teilte mir mit, dass er beim Klettern in einer 4 km entfernten Felswand auf einen weiteren Uhu-Brutplatz gestoßen sei. Er habe sich sofort zurückgezogen und in einiger Entfernung am Felsfuß den Steig zum Kletterfelsen mit einem Trassierband gesperrt. Daran hat er auch noch ein Schild gehängt, auf das er schrieb: „Steig gesperrt. Brutplatz". Nach der anschließenden Begutachtung dieses Felsbereiches, bei der keine Uhu-Spuren gefunden wurden, erklärte sich der Kletterer bereit, den Felsen mit naturschutzfachlicher Beobachtung für einen Kontrollgang erneut zu beklettern. Es konnte tatsächlich ein Brutplatz festgestellt werden: der eines Waldkauzes mit einem Gelege von sechs Eiern.

Respekt! Diesem Verhalten des jungen Kletterers gebührt Hochachtung. Zuerst von der Naturschutzbehörde zum Rückbau von Kletterrouten „verdonnert", hat er wenige Wochen später einen Fels-Brutplatz der Vogelschutzwarte angezeigt. So schafft man ein Vertrauensverhältnis. Das ist ein bestes Beispiel für die so wichtige Kommunikation im Sinne eines erfolgreichen Artenschutzes.

BEOBACHTUNGSTIPPS

Wer einmal den beeindruckenden Ruf eines Uhus in freier Wildbahn selbst hören möchte, der kann selbstverständlich einen Versuch unternehmen. Besonders sicher ist es, sich einer geführten Verhöraktion des LBV anzuschließen. Kreisgruppen mit Uhu-Vorkommen bieten dies meist an. Man kann sich auch einem Uhu-Projekt der unteren Naturschutzbehörde des zuständigen Landratsamtes oder der Kreisgruppe des LBV anschließen und aktiv am Uhu-Schutz mitarbeiten. Abseits von der institutionellen Uhu-Beobachtung gibt es immer auch die Option, eigenständig aktiv zu werden. Dabei ist es im Sinne des Uhu-Schutzes unerlässlich, sich vorher zu informieren. Nur so kann man sich angemessen verhalten und es vermeiden, den Uhu und andere Tiere zu stören. Besonders ohne die Anleitung eines bestehenden Uhu-Projektes müssen deshalb die folgenden Regeln und Hinweise berücksichtigt werden:

- Am wahrscheinlichsten hört man den Uhu in den Verbreitungsschwerpunktgebieten Bayerns (siehe Bayernkarte). Günstig sind Gebiete in der Nähe von Felsen, Steilhängen und Gewässern.
- In der störungsempfindlichsten Zeit des Uhus vom 1.1.–31.7. unbedingt auf ausgeschilderten Wald- und Feldwegen bleiben und nicht abseits davon in das Gelände gehen.
- Den geplanten Ansitzplatz bei Tageslicht ansehen und erkunden.

Abb. 125 und 126: Ruhiges Verhalten und geeignete Kleidung, wie auf dem rechten Foto zu sehen, sind Voraussetzung für ein erfolgreiches Verhören in der Balzzeit. Verhalten und Kleidung auf dem linken Foto sind dagegen ungeeignet.

- Den Ansitzplatz ggf. mit den Jagdberechtigten absprechen. Auf keinen Fall in der Nähe von Jagdeinrichtungen bis in die Dämmerung/Dunkelheit ansitzen, ohne vorher den Jagdberechtigten informiert zu haben.
- Den Ansitzplatz so auswählen, dass der vermutete Rufplatz des Uhus in einer Entfernung von 300 – 700 m liegt. Ist man näher dran, besteht die Gefahr einer eigenen Rufstörung, d. h., der Uhu nimmt den Beobachter wahr und ruft deshalb nicht. Ist man weiter entfernt, können – je nach Geländetopografie und Hintergrundgeräuschen – Rufe überhört werden. Bitte unbedingt beachten: Man kann sich nicht an einen Uhu heranschleichen. Er wird einen immer hören oder sehen, bevor man ihn selbst wahrnimmt.
- Das Wort Ansitz sagt es schon. Am Verhörplatz sitzen und nicht stehen! Im Stehen bewegt man sich zu viel und ist auch lauter als im Sitzen. Wichtig ist bequemes Sitzen. Daher den Platz auch bereits bei Tageslicht auswählen.
- Unbedingt eine gehörige Portion „Sitzfleisch“ mitbringen. Zwei bis drei Stunden sollte man schon absolut ruhig sitzen können.
- Alles, was Geräusche oder Lärm verursacht, sollte vermieden werden, um leisere oder entfernte Rufe nicht zu überhören und selbst keine Rufstörung zu werden. Daher ist eine raschelfreie Kleidung sehr wichtig. Ein Ansitz in der Balzzeit von Januar bis März kann sehr kalt werden. Die Kleidung muss folglich bequem und sehr warm sein, inkl. Handschuhen, Mütze und einer isolierenden Sitzunterlage.
- Rufbeginn ist in der Regel 30 Minuten vor Sonnenuntergang. Da der Uhu den Beobachter am Hinweg immer wahrnimmt, wird er meist 20 Minuten lang nicht mit dem Rufen beginnen. Das bedeutet, dass man bereits 50 Minuten vor Sonnenuntergang am Beobachtungplatz sitzen sollte (vgl. Kap. Fortpflanzung).
- Wer Uhu-Rufe zählen möchte, sollte zwei Zähluhren zusammenschrauben. Beklebt man den einen Drücker mit einem groben Tesakrepp, kann man in der Dunkelheit den jeweiligen Drücker für männliche Rufe und weibliche Rufe durch Fühlen unterscheiden.
- Es gibt immer wieder Uhus, die derart in liebestoller Balzstimmung sind, dass sie alle genannten Vorsichtsmaßnahmen ad absurdum führen und sich durch die Anwesenheit des Beobachters mit Bewegung und Geräuschkulisse nicht stören lassen. Das ist jedoch die große, seltene Ausnahme.
- Zu geeigneter Temperatur, Windstärke und zum Vollmond sind die „Kartierhinweise Uhu“ des LfU zu beachten.[5]

Abb. 127: Die Uhu-Rufe-Zähluhr besteht aus zwei zusammengeschraubten Zähluhren. Wenn man einen der beiden Drücker mit einem groben Krepp beklebt, kann man auch in der Dunkelheit den jeweiligen Drücker für männliche Rufe und weibliche Rufe erfühlen.

Will man Uhus erfassen und an Schutzprogrammen mitarbeiten, muss man lernen, genau zu beobachten und Spuren zu lesen, da man die nachtaktive Eule selbst selten sieht. Indizien bzw. Spuren, die auf den Lebensraum eines Uhus hindeuten, können umfassen

- eine verdächtige Feder in der Felswand an der möglichen Brutnische,
- eine Dunenfeder eines Jungvogels an der Fichte,
- gelber Uhu-Schmelz als indirekter Nachweis eines brütenden Weibchens,
- Schmelz in einer Felswand oder im Wald als Hinweis auf eine Brut oder einen Tageseinstand,
- ein Igel-Balg an einem Fraßplatz des Uhus.

Abb. 128: Die Verhör-Ansitze zur Balzzeit im Januar bis März finden häufig entsprechend der Winterzeit bei Schneelage statt. Durch einen weißen Tarn-Poncho wird man am Wegesrand nahezu unsichtbar.

Die Beobachtungstipps entstanden auf der Grundlage eigener Erfahrungen aus 25-jähriger Uhu-Beobachtung und -Schutzarbeit. Sicherlich kann es in anderen Gebieten, Bundesländern oder im Ausland andere Erfahrungen geben – und folglich auch andere Methoden der Beobachtung. Es kann auch zu besonderen Beobachtungen kommen, die nicht in ein übliches Schema passen. Und es gibt bei den einzelnen Uhus individuelle Unterschiede in ihrer Empfindlichkeit gegenüber Störungen. Ein Uhu, der in einer Stadt an einem Gebäude brütet, reagiert anders als ein Uhu fernab der Zivilisation.

Unabhängig von der jeweiligen Situation und dem konkreten Anlass Ihrer Beobachtung: Genießen Sie die wunderschöne Landschaft ringsherum, nehmen Sie die Ruhe in der abendlichen Dämmerung wahr, freuen Sie sich an den zufälligen „Bei-Beobachtungen" – egal ob es ein jagender Fischadler ist, eine tanzende Libelle oder ein leuchtender Seidelbast am Gehölzrand. Genießen Sie den Duft des Waldes, der Sie umgibt, und hören Sie auf das leise Plätschern von langsam fließenden Flüssen und Bächen. Vor allem aber dürfen Sie sich freuen, dass die größte Eule der Welt, der Uhu, ein Mitbewohner unserer schönen bayerischen Natur ist und dies hoffentlich noch lange Zeit bleiben wird.

In strukturreichen Lebensräumen können nicht nur Uhus entdeckt und beobachtet werden. Eine Vielzahl an Tier- und Pflanzenarten lebt dort. Häufig sind es „Allerweltsarten", die dort besonders produktiv sind. Es sind aber auch viele seltene, bedrohte Arten, mit zum Teil besonders hohen Ansprüchen an ihren Lebensraum. Die nachfolgenden beiden Doppelseiten zeigen eine willkürlich zusammengestellte Auswahl von Tierarten und Pflanzenarten, die im Uhu-Lebensraum vorkommen. Alle diese Fotos sind rein zufällig als „Nebenprodukt" meiner Uhu-Arbeit entstanden. Sie sollen verdeutlichen, dass es überall in unserer vielfältigen bayerischen Landschaft Besonderheiten und Schönheiten zu entdecken gibt. Man muss nur mit offenen Augen und Ohren durch die Welt gehen und sich gegenüber der Tier- und Pflanzenwelt rücksichtsvoll und sensibel verhalten.

Abb. 129: Foto von der Hangoberkante eines Prallhangs mit einem möglichen, fiktiv ausgedachten Brutplatz des Uhus am Lech, inkl. Darstellung einer geeigneten störungsfreien Beobachtungsentfernung von 550 m und der besonders störungsrelevanten Entfernung am gegenüberliegenden Flussufer von nur 150 m.

550m

Abb. 130: Tiere im Uhu-Lebensraum (von links oben nach rechts unten): Siebenschläfer (Glis glis), Wald-Wiesenvögelchen (Coenonympha hero), Kleiner Blaupfeil (Orthetrum coerulescens), Löffelente (Anas [c.] clypeata), Reh (Capreolus capreolus), Mittlerer Weinschwärmer (Deilephila elpenor), Zauneidechse (Lacerta agilis), Hornisse (Vespa crabro), Türkentaube (Streptopelia [d.] decaocto), Laubfrosch (Hyla arborea), Gefleckte Schnarrschrecke (Bryodemella tuberculata), Damwild (Dama dama), Alpenbock (Rosalia alpina), Eichhörnchen (Sciurus vulgaris), Haubenmeise (Parus cristatus), Hermelin (Mustela erminea)

Abb. 131: Pflanzen im Uhu-Lebensraum (von links oben nach rechts unten): Mehlprimel (Primula farinosa), Berg-Ulme (Ulmus glabra), Sibirische Schwertlilie (Iris sibirica), Wurmfarn (Dryopteris spec.), Wald-Engelwurz (Angelica sylvestris), Thymian (Thymus spec.), Speisemorchel (Morchella esculenta), Sumpf-Stendelwurz (Epipactis palustris), Bärlauch (Allium ursinum), Fingerhut (Digitalis purpurea), Wald-Kiefer (Pinus sylvestris), Waldhyazinthe (Platanthéra bifolia), Natternkopf (Echium vulgare), Türkenbundlilie (Lilium martagon), Parasolpilz (Macrolepiota procera), Seidelbast (Daphne mezereum)

AUSBLICK

Der „Ureinwohner“ Uhu ist zurück in Bayern. Sein Brutbestand und die Aufmerksamkeit aus der Bevölkerung machen Hoffnung für die Zukunft. Der Uhu ist von einer verhassten und verfolgten Art zum Sympathievogel geworden.

Im Rahmen der Kartierarbeiten 1996–1999 zum damaligen Brutvogelatlas[16] gab es viele Rückmeldungen zu verwaisten Uhu-Revieren. Dort, wo noch Uhu-Paare waren, fehlte der Bruterfolg. Dies war damals Anlass zum Start des landesweiten Artenhilfsprogramms für diese Art. Heute, im Jahr 2025, gilt sein Bestand in Bayern als gesichert. Trotzdem ist weiterhin ein regelmäßiges Bruterfolgs-Monitoring in mehrjährigen Abständen empfehlenswert. Damit ließe sich vermeiden, dass die größte Eulenart der Welt aufgrund fehlenden Nachwuchses, heimlich wie sie ist und unerkannt, aus unseren strukturreichen Landschaften wieder verschwindet. Nur auf Grundlage eines durchgeführten Monitorings kann man die erprobten und erfolgreichen Schutzmaßnahmen bei Bedarf rechtzeitig intensivieren.

Wir können uns wieder mehr denn je an den beeindruckenden, tiefen „U-hu“-Balzrufen der Uhu-Altvögel in den abendlichen Winterlandschaften erfreuen. Unsere Fokussierung sollte aber im Rahmen von offiziellen, naturschutzfachlich begleiteten Schutzmaßnahmen darüber hinaus den Jungvögeln gelten und somit der Produktivität der Uhu-Paare.

Abb. 132: Uhu-Nachwuchs macht Hoffnung auf gesunde und stabile Uhu-Populationen.

DANK

Zum Abschluss dieses Buches möchten wir allen danken, die zum Gelingen beigetragen haben.

Allen voran gebührt mein besonderer Dank meinem Mentor, dem 2017 verstorbenen Dr. Theodor Mebs. Er hatte in meinem Geburtsjahr 1957 bereits seine erste umfangreiche Arbeit zum Uhu in Bayern veröffentlicht.[41] Mit seinem Buch „Eulen und Käuze“[42] weckte er 1971 in jungen Jahren meine Begeisterung für diese faszinierenden, nachtaktiven Vögel. Später war er in meiner beruflichen Laufbahn an der Bayerischen Vogelschutzwarte in Garmisch-Partenkirchen mein geschätzter Kollege von der Vogelschutzwarte in Nordrhein-Westfalen. Er war immer bereit, Fragen und Probleme zum Vogelschutz mit mir zu besprechen und mir mit Rat und Tat zur Seite zu stehen. Danke, Theo. Im Jahr 2000 erschien schließlich sein mit Dr. Wolfgang Scherzinger verfasstes großes Standardwerk „Die Eulen Europas“[40], in dem ich bis zum heutigen Tag immer wieder gerne nachschlage.

Vielen Dank gebührt allen Ehrenamtlern, die den Uhu erfassen und die an den erfolgreichen Schutzmaßnahmen, insbesondere dem Artenhilfsprogramm, mitwirken. Ohne sie wäre der umfassende Kenntnisstand zum Uhu in Bayern nicht möglich. In diesem Zusammenhang danke ich auch allen jungen Leuten, die an der Vogelschutzwarte Garmisch-Partenkirchen ihr Freiwilliges Ökologisches Jahr absolviert haben. Ohne deren Hilfe wäre es mir in den Anfangsjahren meiner Uhu-Erfassung am Lech nicht möglich gewesen, die große Bedeutung dieser Uhu-Population zu erkennen.

Der meiste Dank gehört meiner lieben Muggi. Sie hat mich weit über 30 Jahre lang in meinen beruflichen Aktivitäten bedingungslos und selbstlos – im wahrsten Sinne des Wortes – Tag und Nacht unterstützt. Auch stand sie mir bei diesem Buch immer mit konstruktiver Kritik, mit wertvollen Tipps und Hinweisen zur Verfügung und hat dadurch allergrößten Anteil daran.

Ohne Landesamt für Umwelt (LfU) und Landesbund für Vogel- und Naturschutz e. V. (LBV) geht in Bayern in Bezug auf den Uhu nichts. Für die tatkräftige Unterstützung danke ich meiner sehr geschätzten Kollegin Margarete Siering (LfU) und der meiner ebenfalls sehr geschätzten Kollegin beim LBV, Christiane Geidel.

Unser beider Dank gehört all denen, die mit ihren beispielhaften, wunderschönen künstlerischen Malereien, Grafiken und Figuren ihre Begeisterung für den Uhu ausdrücken und so dem vorliegenden Buch zu einer besonderen Lebendigkeit verholfen haben, insbesondere Klaas Lageweg, Fiete von Lossow, Annemarie Bahr und auch Markus Walsch (aka Karl Auer) vom Bayerischen Rundfunk.

Für die Erstellung der Bayernkarte mit den Verbreitungsschwerpunkten des Uhus in Bayern danken wir herzlich Heinz Muggenthaler.

Für die vielen, wertvollen Hinweise, die zum Gelingen des Buch-Projektes beigetragen haben, danken wir Wilhelm Holzer, Dieter Aichner, Lea Kolesnyk, Bernd-Ulrich Rudolph und Prof. Dr. Jörg Müller.

Und schließlich danken wir dem Battenberg-Bayerland-Verlag für die Herausgabe dieses Buches. Josef Roidl hatte die geniale Idee, dass ich ein Uhu-Buch schreiben könnte. Regina Schindler verpasste den Texten und Fotos ein tolles Buch-Layout. Manuela Bonfissuto gab mir immer wieder mit ihrer positiven, freundlichen Art Aufschwung beim Schreiben. Martina Bauer sorgte schließlich dafür, dass die Zusammenarbeit zwischen dem Verlag und uns „in trockene Tücher“ kam und vertraglich fixiert wurde.

Mit all dieser Unterstützung war es für uns eine Ehre und eine Freude zugleich, langjährige Kenntnis und Erfahrung zum Uhu in Bayern in diesem Buch zu vereinen. Vielen Dank an alle, die uns auf diesem Weg unterstützt haben.

Abb. 133: Uhu: „Schnelle Aquarell-Tusche-Skizze", Günter von Lossow

LITERATUR

1 Aichner, D. (2021): Brutplatzwahl und Bruten des Uhus Bubo bubo im niederbayerischen Hügelland und praktizierte Schutzmaßnahmen. Deutsche Arbeitsgemeinschaft zum Schutz der Eulen e. V.: Eulen–Rundblick Nr. 71 – Jahrgang 2021. S. 45–50.

2 Ausführungsverordnung Bayerisches Jagdgesetz (AVBayJG): https://www.gesetze-bayern.de/Content/Document/BayAVJG-19. Zugriff am 30.10.25.

3 Bayerische Landesanstalt für Wald und Forstwirtschaft: https://www.lwf.bayern.de/bwi/080772/index.php. Zugriff am 30.10.25.

4 Bayerische Landesanstalt für Wald und Forstwirtschaft: https://www.lwf.bayern.de/waldschutz/monitoring/065609/index.php. Zugriff am 30.10.25.

5 Bayerisches Landesamt für Umwelt (Hrsg.) (2021): Arbeitshilfe Vogelschutz und Windenergienutzung – Fachfragen des bayerischen Windenergie-Erlasses. UmweltSpezial. 57 S.

6 Bayerisches Landesamt für Umweltschutz (Hrsg.) (1983): Rote Liste bedrohter Tiere in Bayern (Wirbeltiere und Insekten). 2. Auflage. 12 S.

7 Bayerisches Landesamt für Umweltschutz (Hrsg.) (1992): Rote Liste gefährdeter Tiere Bayerns. Schr.-R. Bayer. Landesamt für Umweltschutz, Heft 111 (Beiträge zum Artenschutz 15). 288 S.

8 Bayerisches Staatsministerium für Ernährung, Landwirtschaft und Forsten: https://www.stmelf.bayern. de/ mam/ cms01/agrarpolitik/dateien/massnahmenuebersicht_vnp.pdf. Zugriff am 30.10.25.

9 Bayerisches Staatsministerium für Landesentwicklung und Umweltfragen (1999): Europas Naturerbe sichern – Bayern als Heimat bewahren. Rechtsgrundlagen zur Umsetzung der FFH- und der Vogelschutz-Richtlinie der Europäischen Union. Broschüre. München. 71 S.

10 Bayerisches Staatsministerium für Umwelt und Verbraucherschutz: https://www.stmuv.bayern.de/themen/naturschutz/naturschutzfoerderung/landschaftspflege_naturparkrichtlinien/. Zugriff am 30.10.25.

11 Bayerisches Staatsministerium für Umwelt und Verbraucherschutz: https://www.stmuv.bayern.de/ themen/naturschutz/naturschutzfoerderung/vertragsnaturschutzprogramm_wald/index.htm. Zugriff am 30.10.25.

12 Bayerisches Waldgesetz (BayWaldG) in der Fassung der Bekanntmachung vom 22. Juli 2005 (GVBl S. 313) BayRS 7902-1-L: https://www.gesetze-bayern.de/Content/Document/BayWaldG/true. Zugriff am 30.10.25.

13 Benker, G. (1993): Eule und Mensch – Die Nachtgeister und ihre Symbolik. Freiburg:Eulen Verlag. 142 S.

14 Bezzel, E. & R. Prinzinger (1990): Ornithologie. Stuttgart: Eugen Ulmer Verlag. 552 S.

15 Bezzel, E. (1985): Kompendium der Vögel Mitteleuropas – Nonpasseriformes. Wiesbaden: Aula-Verlag. 792 S.

16 Bezzel, E., Geiersberger, I., Lossow, G. v. und R. Pfeifer (2005): Brutvögel in Bayern. Verbreitung 1996 bis 1999. Stuttgart: Eugen Ulmer Verlag. 560 S.

17 Bontzorlos, V. A., Johnson, D. H., Poirazidis, K. & Roulin, A. (2023): Owl symbolism in Greek civilization over the last 5000 years: Social perceptions and implications for conservation. The European Zoological Journal, 90(2). S. 691–707. https://doi.org/10.1080/24750263.2023.2254823.

18 Bundesministerium für Landwirtschaft, Ernährung und Heimat: https://www.bmel-statistik.de/landwirtschaft/bodennutzung-und-pflanzliche-erzeugung/hopfenanbau. Zugriff am 30.10.25.

19 Cornwall, B. (1851): The Owl. In: Bryan Waller Procter. English songs, and other small poems, by Barry Cornwall. London: Chapman & Hall. https://books.google.de/books?id=8bADAAAAQAAJ. Zugriff am 31.10.25.

20 Deutscher Alpenverein (DAV): https://www.alpenverein.de/thema/felsinfo#/. Zugriff am 30.10.25.

21 Deutscher Alpenverein (DAV): https://www.alpenverein.de/verband/presse/hintergrundinfos/zahlen-und-fakten-zum-klettersport-in-deutschland. Zugriff am 30.10.25.

22 Duden (2025): Mythologie, die. Cornelsen Verlag. https://www.duden.de/node/100400/revision/1447073. Zugriff am 31.10.25.

23 Förstel, A. (1983): Bestandsaufstockung des Uhus Bubo bubo in Bayern. Ornithol. Anz., Bd. 22, Heft 3. S. 145–167.

24 Förstel, A. (1995): Der Uhu Bubo bubo L. in Nordbayern. Ornithol. Anz., Bd. 34, Heft 2/3. S. 77–95.

25 Freier, K. (2014): Bionik – Ideenreich Natur. Bayerisches Landesamt für Umwelt. Augsburg. 112 S.

26 Fünfstück, H.-J., Lossow, G. v. & Schöpf, H. (2003): Rote Liste gefährdeter Brutvögel (Aves) Bayerns. Schr.-R. Bayer. Landesamt f. Umweltschutz, Heft 166. S. 39–44.

27 Gedeon, K., Grüneberg, C., Mitschke, A., Sudfeldt, C., Eickhorst, W., Fischer, S., Flade, M., Frick, S., Geiersberger, I., Koop, B., Kramer, M., Krüger, T., Roth, N., Ryslavy, T., Stübing, S., Sudmann, S. R., Steffens, R., Vökler, F. & K. Witt (2014): Atlas Deutscher Brutvogelarten – Atlas of German Breeding Birds. Herausgegeben von der Stiftung Vogelmonitoring und dem Dachverband Deutscher Avifaunisten. Münster. 800 S.

28 Geidel, C. & T. Langer (2025): Artenhilfsprogramm Felsbrüter: Maßnahmen zum Schutz und zur Bestandsförderung für Uhu und Wanderfalke in den Jahren 2023 bis 2025. Unveröffentlichter Jahresbericht 2024 im Auftrag des Bayer. Landesamtes für Umwelt. 61 S.

29 Glutz v. Blotzheim, U. N. & K. M. Bauer (1980): Handbuch der Vögel Mitteleuropas. Bd. 9. Wiesbaden: Akademische Verlagsgesellschaft. 1145 S.

30 Görner, M. (2025): Der Uhu. Die neue Brehm-Bücherei, Bd. 660. Magdeburg: Militzke-Verlag. 320 S.

31 Harms, C. (2025): Überhört, unbeachtet, unterschätzt – über die tages- und jahreszeitliche Rufaktivität eines Uhu-Weibchens Bubo bubo im gesamten Jahresverlauf. Orn. Beob. 122. S. 44–61.

32 Hegel, G.W.F. (1981): Grundlinien der Philosophie des Rechts oder Naturrecht und Staatswissenschaft im Grundrisse. In: Eduard Gans (Hrsg.): Philosophiehistorische Texte. Berlin: Akademie Verlag.

33 IG Klettern: http://www.ig-klettern.de/index.php/kletterregelungen.html. Zugriff am 30.10.25.

34 IG Klettern: https://ig-klettern.org/klettern/klettern-in-franken/. Zugriff am 30.10.25.

35 Irving, W. (1829): Sage vom Prinzen Ahmed al Kamel; oder der Liebespilger. In: Die Alhambra. Projekt Gutenberg: Frankfurt a. Main. https://www.projekt-gutenberg.org/irving/alhambra/alham23.html. Zugriff am 31.10.25.

36 Kraft, R. (2008): Mäuse und Spitzmäuse in Bayern – Verbreitung, Lebensraum, Bestandssituation. Stuttgart: Ulmer Verlag. 111 S.

37 Kraus, H. (2012): Faszination Eulen. Reutlingen: Oertel+Spörer Verlag. S. 8–14.

38 Landesbund für Vogelschutz in Bayern (2024): Artenhilfsprogramm Felsbrüter – Maßnahmen zum Schutz und zur Bestandsförderung für Uhu und Wanderfalke in den Jahren 2023 bis 2025. Unveröffentlichter Jahresbericht 2024 im Auftrag des Bayerischen Landesamts für Umwelt. 61 S.

39 Lossow, G. v. (2010): Der Uhu Bubo bubo am Mittleren Lech 2003 bis 2009 – Entdeckung der erfolgreichsten bayerischen Uhu-Population. Ornithol. Anz., Bd. 49, Heft 1. S. 1–24.

40 Mebs, T. & W. Scherzinger (2000): Die Eulen Europas – Biologie, Kennzeichen, Bestände. Stuttgart: Kosmos-Verlag. 396 S.

41 Mebs, T. (1957): Der Uhu (Bubo b. bubo L.) in Bayern. Ornithol. Anz., Bd. IV, Nr. 7. S. 499–521.

42 Mebs, T. (1971): Eulen und Käuze – Strigidae. Stuttgart: Kosmos & Franckh´sche Verlagshandlung. 134 S.

43 Meier, A.H. & Russo, A.C. (1985): Circadian Organization of the Avian Annual Cycle. In: Johnston, R.F. (Hrsg.): Current Ornithology, 2. Boston, MA.: Springer. https://doi.org/10.1007/978-1-4613-2385-3_9

44 Meierott, L., Fleischmann, A., Klotz, J., Ruff, M. & Lippert, W. (2024): Flora von Bayern. Bern: Haupt-Verlag. 2880 S.

45 Mengenberg, K. v. (1861): Das Buch der Natur. In: Franz Pfeiffer: Die erste Naturgeschichte in deutscher Sprache. Stuttgart: Aue-Verlag. 875 S.

46 Milne, A. A. (2009): Pu der Bär. Hamburg: Dressler Verlag. 332 S.

47 Miosga, O., Bäumer, S., Gerdes, S., Krämer, D., Ludescher, F.-B. & Vohwinkel, R. (2019): Telemetriestudien am Uhu – Raumnutzungskartierung, Kollisionsgefährdung mit Windenergieanlagen. Natur in NRW, Heft 1/2019. S.36–40.

48 Morris, D. (2017): Eulen: Ein Portrait (J. Schalansky, Hrsg.; M. Hermann & N. Sottrell, Übers.; 3. Aufl.). Berlin: Matthes & Seitz. 167 S.

49 NABU & LBV (2005): Der Uhu. Vogel des Jahres 2005. Broschüre. 28 S.

50 Nitsche, G. & H. Plachter (1987): Atlas der Brutvögel Bayerns 1979–1983. München: Bayerisches Landesamt für Umweltschutz. 269 S.

51 Pinzl, C. (2011): Hopfenanbau. In: Historisches Lexikon Bayerns: http://www.historisches-lexikon-bayerns.de/Lexikon/Hopfenanbau. Zugriff am 30.10.2025.

52 Rockenbauch, D. (2018): Die ersten 50 Jahre nach der Heimkehr des Uhus (Bubo bubo) in Baden-Württemberg (1963 – 2012). Ökologie der Vögel, Bd. 33, 2011 (2018). S. 1–90.

53 Rödl, T., Rudolph, B.-U., Geiersberger, I., Weixler, K. & A. Görgen (2012): Atlas der Brutvögel in Bayern – Verbreitung 2005 bis 2009. Stuttgart: Eugen Ulmer Verlag. 255 S.

54 Rudolph, B.-U., Schwandner, J. & Fünfstück, H.-J. (2016): Rote Liste und Liste der Brutvögel Bayerns. Bayer. Landesamt f. Umwelt (Hrsg). 30 S.

55 Scherzinger, W. (1987): Der Uhu Bubo bubo L. im Inneren Bayerischen Wald. Ornithol. Anz., Bd. 26, Heft 1/2. S. 1–51.

56 Schweiger, A. & L. Lipp (2011): Wühlmäuse (Arvicolinae) als bevorzugte Beute des Uhus Bubo bubo während der Jungenaufzucht in Bayern. Ornithol. Anz., Bd. 50, Heft 1. S. 1–25.

57 Shakespeare, W. (1908): Julius Cäsar. Boston: The Athenaeum Press, Ginn and Company. 174 S.

58 Sitkewitz, M. (2005): Telemetrische Untersuchungen zur Raum- und Habitatnutzung des Uhus (Bubo bubo) im Landkreis Weißenburg-Gunzenhausen. Ornithol. Anz. 44. S. 163–170.

59 Sitkewitz, M. (2009): Telemetrische Untersuchung zur Raum- und Habitatnutzung des Uhus (Bubo bubo) in den Revieren Thüngersheim und Retzstadt im Landkreis Würzburg und Main-Spessart – mit Konfliktanalyse bezüglich des Windparks Steinhöhe. Populationsökol. Greifvögel- und Eulenarten 6. S. 433–459.

60 Storm, T. (1817): Gedichte. Die digitale Bibliothek DigBib.Org. http://www.digbib.org/Theodor_Storm_1817/Gedichte_.pdf. Zugriff am 31.10.25.

61 Stymacks, A. (2018): Die schlausten Vögel der Welt. National Geographic. https://nationalgeographic.de/tiere/2018/03/die-schlausten-voegel-der-welt/. Zugriff am 31.10.25.

62 Südbeck, P., Andretzke, H., Fischer, S., Gedeon, K., Schikore, T., Schröder, K. & C. Sudfeldt (2005): Methodenstandards zur Erfassung der Brutvögel Deutschlands. Radolfzell. 790 S.

63 Südbeck, P., Bauer, H.-G., Boschert, M., Boye, P. & W. Knief (2007): Rote Liste der Brutvögel Deutschlands. Ber. Vogelschutz 44. S.23–81.

64 Teufelsberg Berlin: https://www.teufelsberg-berlin.de/historie/geschichtlicher-ueberblick/. Zugriff am 30.10.25.

65 theCrag Pty Ltd.: https://www.thecrag.com/de/klettern/germany/area/420460980. Zugriff am 30.10.25.

66 Thoreau, H.D. (1985): Walden or, Life in the Woods. The Library of America/USA.

67 VDEW, Vereinigung Deutscher Elektrizitätswerke e. V. (Hrsg.) (1991): Vogelschutz an Starkstrom-Freileitungen mit Nennspannungen über 1 kV. Erläuterungen zu Abschnitt 8.10 „Vogelschutz" der Bestimmung DIN VDE 0210/12.85. 2. Auflage. Verlags- und Wirtschaftsgesellschaft der Elektrizitätswerke mbH (VDEW). Frankfurt. 16 S.

68 Weber, M. (2014): Uhu an Inn und Salzach – Bestandserfassung 2013 und 2014. Unveröffentlichter Jahresbericht im Auftrag des Bayerischen Landesamts für Umwelt. 177 S.

69 Weber, M. (2015): Uhu am Inn und dessen Zuflüssen Mangfall, Alz und Salzach. Unveröffentlichter Jahresbericht im Auftrag des Bayerischen Landesamts für Umwelt. 299 S.

70 Weber, M. (2020): Der Uhu an Inn und Salzach – Bestandserfassung 2014–2020. Unveröffentlichter Schlussbericht im Auftrag des Bayerischen Landesamts für Umwelt.

71 Weinstein, K. (1988): Eulen. Vögel der Nacht in Kunst und Natur. Freiburg: Eulen Verlag. 144 S.

72 Wüst, W. (1986): Avifauna Bavariae – Die Vogelwelt Bayerns im Wandel der Zeit. Bd. 2. München: Ornithol. Ges. Bayern. S. 733–1449.

73 Yoshimura T. (2010): Neuroendocrine mechanism of seasonal reproduction in birds and mammals. Animal Science Journal 81(4). S. 403–410. https://doi.org/10.1111/j.1740-0929.2010.00777.x

GLOSSAR

AHP: Artenhilfsprogramm; gezieltes Programm (landesweit oder zumindest für Großgebiete), um bedrohte Tier- und Pflanzenarten zu erhalten, deren Bestände zu stabilisieren und zu verbessern; besteht aus der Erfassung der Bestände, der Ermittlung der ökologischen Ansprüche und Gefährdungsfaktoren und der Ausarbeitung detaillierter Schutzmaßnahmen. Im vorliegenden Buch: Bayerisches Artenhilfsprogramm Uhu (bis 2012) bzw. Bayerisches Artenhilfsprogramm Felsbrüter (ab 2013)

Altmoränen: Landschaftsform in ehemals vergletscherten Gebieten Mitteleuropas. Die Altmoräne stammt aus der vorletzten oder einer noch älteren Kaltzeit, im Gegensatz zur Jungmoräne, die aus der letzten Kaltzeit stammt.

Anthropogene Abbaugebiete: menschliche Rohstoff-Abbaustellen, vor allem Steinbrüche, Kies- und Sandgruben

ASK: Artenschutzkartierung des Bayerischen Landesamtes für Umwelt

Bachtobel: sehr enges Bachtal, sehr enge Schlucht in steilem, stark modelliertem Gelände

BayWaldG: Bayerisches Waldgesetz

binokulares Sehen: beidäugiges Sehen, das eine dreidimensionale Wahrnehmung ermöglicht

Bionik: Wissenschaft, die sich die Natur zum Vorbild nimmt, Strukturen, Prozesse und Konstruktionen von Tieren und Pflanzen untersucht und sie in die Technik überträgt

DAV: Deutscher Alpenverein e. V.

Fkm: Flusskilometer: Kilometrierung von größeren Fließgewässern, die durch Kilometersteine oder Kilometertafeln am Ufer gekennzeichnet ist

FFH: Flora-Fauna-Habitat-Richtlinie (92/43/EWG) der europäischen Gemeinschaft vom 22.07.1992

Häufigkeitsklassen: Nach dem Atlas Deutscher Brutvogelarten von Gedeon et al. (2014) wurden die Brutvogelnachweise der Kartierung in 12 Häufigkeitsklassen eingeteilt: 0, 1, 2–3, 4–7, 8–20, 21–50, 51–150, 151–400, 401–1.000, 1.001–3.000, 3.001–8.000 und größer 8.000.

home range: regelmäßig genutzter Bereich des genutzten Lebensraumes eines Tieres

Hudern: das Schützen – unter die Flügel Nehmen – von Nestlingen vor Witterungseinflüssen (Kälte, Regen, Hitze)

IG Klettern: Interessensgemeinschaft Klettern

Juv.: Jungvogel

Kartieren: raumbezogene Erfassung und Dokumentation von Vogelarten, deren Bruten und Bruterfolg

LBV: Landesbund für Vogel- und Naturschutz in Bayern e.V.

Leitart: Tier- oder Pflanzenart, die ganz besonders charakteristisch für einen konkreten Lebensraum ist. Sie steht für die gesamte Lebensraumgemeinschaft, da sie besonders empfindlich auf Veränderungen in ihrem Lebensraum reagiert. Sie wird auch „Charakterart“ oder „Schirmart“, im Englischen „umbrella species“ genannt.

LfU: Bayerisches Landesamt für Umwelt

LWF: Bayerische Landesanstalt für Wald und Forstwirtschaft

Nagelfluh: ein Gestein, eine Felsformation, die aus einem Konglomerat von Geröllen und Kieselsteinen besteht und durch eine feinkörnige Masse verbunden ist; entstanden durch Ablagerungen von Flüssen mit hoher Transportleistung

omnipräsent: allgegenwärtig, überall anzutreffen

pessimal: der schlechtestmögliche Zustand oder auch das Gegenteil von „optimal“.

Prallhänge: kurvenäußere Ufer eines Flusses, die durch die hier vorhandene stärkere Strömung bevorzugt abgetragen werden

primäre Naturhabitate: natürliche und vom Menschen unberührte Lebensräume

Quartär: das letzte und kürzeste der drei Zeitalter der Erdneuzeit

Quarzfelszug: eine aus einem Quarzgang bestehende Felslinie. Bekanntestes Beispiel ist der Pfahl, eine Felsformation, die sich 150 km lang durch den nordöstlichen Bayerischen Wald zieht.

rißeiszeitlicher Hochterrassenschotter: ältere geologische Landschaft mit auffälliger geologischer Formation des Quartärs (z. B. als Nagelfluh), die höher über dem Flussbett liegt als die Niederterrasse; typische Ausprägung am mittleren Lech

Rutschhänge: instabile Steilhänge

Schotterplattenlandschaften: nördlich der eiszeitlichen Endmoränen abgelagerte Gerölle, Kiese, Sande, wie z. B. im Umfeld von München

SPA: Special Protection Area nach der Vogelschutz-Richtlinie 2009/147/EG der europäischen Gemeinschaft vom 30.11.2009

StMUV: Bayerisches Staatsministerium für Umwelt und Verbraucherschutz

Streudaten: keine systematisch erhobenen Daten im Rahmen eines Projektes, sondern zufällig bekannt gewordene Informationen außerhalb von Projektgebieten

Tageseinstand: störungsfreier Rückzugsort, an dem dämmerungs- und nachtaktive Tiere wie Eulen tagsüber schlafen oder ruhen.

Tertiäres Hügelland: der mittlere und östliche Bereich des süddeutschen Molassebeckens, dem die quartären Schotter in den Hochlagen fehlen. Ein großer Teil des Tertiären Hügellands in Bayern wird geprägt durch die Hopfenanbaugebiete in der Hallertau.

Timbre: charakteristische Klangfarbe eines Instruments, einer Stimme, besonders einer Gesangsstimme

Uhlen: altdeutsche Sprache für „Eulen". Die Uhlenflucht – das „Eulenloch" – ist eine große Giebelöffnung am Haus unterhalb des Firstes, die vor allem Schleiereulen den Einflug ermöglichte, welche im Haus als Ungeziefer jagende Nutztiere willkommen waren. Im Plattdeutschen steht die Uhlenflucht auch für die Dämmerung, die Zeit, in der die Eulen fliegen.

Verkarstung: chemischer Lösungsprozess von Gesteinen, z. B. durch Korrosion von Kalkstein und der daraus folgenden Höhlenbildung, den Karst-Höhlen.

würmeiszeitlicher Niederterrassenschotter: jüngere geologische Landschaft mit auffälliger Formation des Quartärs (z. B. als Nagelfluh), die tiefer über dem Flussbett liegt als die Hochterrasse; typische Ausprägung am mittleren Lech

AUTOREN

Günter von Lossow, Jg. 1957, Pensionist, gelernter Gärtner und Dipl.-Ing. (FH) Landespflege, Studium an der FH Weihenstephan, Diplomarbeit 1991 über Biber in Bayern, 1989–1995 Schwerpunkt Biberschutz in Bayern, 1993–2023 an der Vogelschutzwarte am Bayerischen Landesamt für Umwelt verbeamteter Sachbearbeiter für Vogel- und (teilweise auch) Säugetierschutz mit Schwerpunkt u. a.: Artenhilfsprogramme Vögel (z. B. Uhu, Wiesenbrüter, Weißstorch, Wanderfalke, Wiesenweihe), Organisation, Koordination und Bearbeitung des Bayerischen Brutvogelatlasses „Brutvögel in Bayern" (1995–2005) und Entdeckung, Erfassung und Schutz der erfolgreichsten bayerischen Uhu-Population am Lech (2003–2020). Leidenschaftlicher Ornithologe, Angler, Aquarell-Maler und Fotograf.

Emil von Lossow, geboren 1999 in Garmisch-Partenkirchen, studiert in Potsdam Angewandte Kulturwissenschaft und Kultursemiotik. Zuvor absolvierte er einen Bachelor in Philosophie mit Schwerpunkt Philosophie und Literatur. Von 2023–2025 war er Studentischer Mitarbeiter in der Interdisziplinären Arbeitsgruppe „Ernährung, Gesundheit, Prävention" der Berlin-Brandenburgischen Akademie der Wissenschaften (BBAW), derzeit ist er im „Schülerlabor Geisteswissenschaften" tätig. 2018 Studienbeginn, 2017–2018 Auslandsaufenthalt in Kanada, 2017 Abitur. Ihn interessiert, wie wissenschaftliches, philosophisches und künstlerisches Denken und Schaffen sich berühren. In seiner Freizeit liest und fotografiert er, geht ins Kino, Museum und spazieren – stets mit einem Blick für die Einzigartigkeit des Moments.